「食」の図書館

ブランデーの歴史

BRANDY: A GLOBAL HISTORY

BECKY SUE EPSTEIN
ベッキー・スー・エプスタイン【著】
大間知 知子【訳】

原書房

目次

［……］は翻訳者による注記である。

序章◉コニャックの愉悦、ブランデーの芳香

しかし、君、クラレットは子供の酒、ポートは大人の酒、だが英雄になりたいと思う者は、(笑いながら)ブランデーを飲むべきだよ。なにしろブランデーの風味は味覚にもっとも心地よい。そしてわれわれが酒から得られるものを、ブランデーは何よりもすみやかに与えてくれる。

——ジェームズ・ボズウェル『サミュエル・ジョンソン伝』(1791年)

◉ブランデーとは何か

最近、ブランデーがふたたび脚光を浴びている。現代的なカクテルとして、高価なクリスタル製のデカンターに入れてゆっくりと味わうぜいたくな酒として、有名人が集うパーティの飲み物として。しかしほんの数十年前まで、ブランデーはこの華やかな地位とはかけ離れたところにいた。

ブランデーとは何か。そんなことは誰でも知っている――だが、本当にそうだろうか？ブランデーはワインを蒸溜して造る、香り高いすばらしい酒だ。木の樽で熟成させるので、色はたいてい琥珀色《こはくいろ》か赤褐色《せっかっしょく》をしている。今アメリカやイギリスでもっともよく知られているブランデーはコニャックやアルマニャックで、これらは南フランスのふたつの異なる地方でそれぞれ生産される。スペインやその他の国で造られるブランデーも世界各地で愛好されている。

数十年前まで、高価なブランデーは富裕層が食後の飲み物としてほんの少し飲むだけだった。年配の人々は食器棚の奥に安いブランデーを万能薬としてしまっているかもしれない。ブランデーの中には、安酒として売られている種類もあったのだ。しかし普通は、ブランデーは私たちにあまり縁のない酒だった。

しかし、忘れられかけたブランデーの中にひとつだけ例外があった。世界でもっとも有名なブランデー、コニャックである。コニャックはフランス西部のコニャック地方で生産されるブランデーで、つねに揺るぎない名声を保ってきた。たとえ一度も飲んだことがなくても、誰もがたいていコニャックに憧れを抱いている。

コニャックは世界一有名かつ高価なブランデーであり、多くの世界的スターがそのイメージを高めていることでも知られている。伝説的映画監督のマーティン・スコセッシは、ヘネシー［コニャックの銘柄］の広告に登場した。人気ラッパーのリュダクリスは、「カンジャー」という銘柄のコニャックをプロデュースしている。同じくラッパーのスヌープ・ドッグはランディ・コニャックのイメージキャラクターになり、大勢の有名ラッパーが自分のお気に入りのコニャックを歌詞に取り入れている。高級なバーで働くスマートなバーテンダー（現在ではミクソロジストと呼ばれる）がコニャック・カクテル・コンテストで腕を競い、繊細な風味づけの材料を選び抜いて見事なブレンドを完成させ、この優雅で香り高い蒸溜酒の魅力をいっそう高めている。

技術的には、ブランデーはさまざまな果実酒から造ることができるが、本書ではワインを蒸溜して造ったものをブランデーと呼ぶことにする。ワインから造られた蒸溜酒はたいてい木の樽で熟成されるため、あの美しい黄褐色のブランデーになる。これが私たちの考える「ブランデー」だ。

熟成期間の短い若いブランデーは、カクテルや息抜きのための軽い飲み物を作るのにぴったりだが、熟成年数の長い古いコニャックやブランデーをゆっくり味わうのは、何ものにも代えがたい経験だ。アルコール度数40度の上質なブランデーが体にしみわたっていくとき、私たちはこのうえない解放感と幸福を感じる（これは薬効だろうか？　たぶんそうだろう）。

ブランデーが忘れられかけていた20世紀終わりになって、コニャックからブランデー人気にふたたび火がついた。それまでフランスのコニャック地方産の高級ブランデーは、社会的地位がある年配の、しかも主に男性の飲み物とみなされていた。20世紀なかばまで、公共の場で女性がコニャックを口にするのは、クレープ・シュゼットのような料理に使われる場合に限られていた。クレープ・シュゼットはブランデーをベースにしたソースにテーブルで火をつけて供する、華やかなデザートだ。それほど裕福でなくても、世界中で伝統的にブランデーを愛好する人々は、ワイン（そしてその他の原料）から造られたもっと安くて、たいてい品質の劣る国産の銘柄を愛飲していた。それでもそうした酒は「ブランデー」であり、ときには「コニャック」と呼ばれる場合さえあった。こうしたブランデーのはやりすたりは、ブランデーが文明の中で発達していく過程で連綿と繰り返されてきた。ブランデーの長い旅は700年以上前から始まっているのである。

中世から、ブランデーはさまざまな病気や体の不調に効く薬として処方され始めた。近代に入ると、ブランデーはさまざまなパンチ［酒に果汁や炭酸水を混ぜた飲み物］の基本的な材料としても使われるようになり、ブランデーベースのパンチは18～19世紀のアメリカやイギリスで大流行した。19世紀なかばにはアメリカで最初のカクテルブームが起こり、ブランデーはベースの酒として使われるようになった。

蒸溜の工程に精密さが要求されるブランデーは、安く造れる酒ではない。さらに、樽で熟成させる年月や、ほかにもたくさんの要素が1本のブランデーの値段に含まれている。コニャック、アルマニャック、そしてブランデー・デ・ヘレスは、旧世界、すなわちヨーロッパで生産されるもっとも有名で高価な、由緒ある3大ブランデーだ。南アフリカとオーストラリアは伝統的にコニャックを飲む習慣があるオランダとイギリスの植民地だったので、それぞれの歴史の初期にブランデー産業が発達した。ワインを蒸溜して造る上質なブランデーは、アルメニア、ジョージア［旧グルジア］、アメリカなどの国々で、100年以上も造り続けられている。

コニャックはもっともよく知られた高級ブランデーなので、多くの国々がコニャック地方で実施されている生産方法を自国のブランデー生産のモデルにしている。それらの国ではたいてい、国産ブランデーを「コニャック」と呼びさえしているが、フランスのコニャック生産者にとって、コニャックという名前の乱用は次第に問題とされるようになり、19世紀の終わりに世界中でブランデー生産が盛んになって以来、この問題に対する取り組みが積極的におこなわれている。

同じ頃、フィロキセラ［ブドウネアブラムシ。ブドウの根の樹液を吸って枯死《こし》させる害虫］の大量発生によってヨーロッパのブドウ畑が壊滅的な被害を受け、フランス産の上質なコニャッ

収穫期が終わりに近づくにつれて、コニャック地方のブドウ畑はみずみずしい緑から、コニャックそのもののような黄褐色や琥珀色に姿を変える。

クの入手がむずかしくなった。20世紀初めにはコニャックの値段の高さと手に入りにくさがわざわいして、多くの人気カクテルの材料としてウイスキーなどの蒸溜酒がコニャックに取って代わった。こうしてブランデー、特にコニャックは、大半の消費者の日常生活からますます縁遠い存在になったのである。

この状況は20世紀なかばまで続き、その間に数え切れないほどの本や映画で、ブランデーを飲むのは紳士気取りだというイメージが定着した。洗練されたスパイとして知られるジェームズ・ボンドは、1971年にブランデーにまつわるちょっとした騒ぎを引き起こした。映画『ダイヤモンドは永遠に』の中で、彼は文字通り火急の場で、客間にあったクルボアジェという高級ブランデーのボトルをたたき割って敵に浴びせ、火だるまにしたのである。しかし結局のところ、ブランデーはめったに使われなくなった客間の飾りに成り下がっているようだった。

◉突然の大流行

しかし21世紀に入ると突然ブランデーが、より具体的にはコニャックが、ほこりを払われ、日の当たる場所へ移された。それは主としてアーバンミュージック［ヒップホップやブラックミュージックなど］と、ラッパーやヒップホップMCという意外な担い手のおかげだった。20世紀後半には、アメリカのいくつかの都市部で安いブランデーが大流行した。アーバンミュージックがはやり始めると、実際にはそうした地域に住んでいない若者たちまでが、ラジオで聞いたり映像で見たりした彼らのライフスタイルを真似し始めた。ラッパーやヒップホップMCのスターが増えるにつれて、彼らの音楽やミュージックビデオにクルボアジェやヘネシーなどの高級ブランドのブランデーがたびたび登場するようになった。そしてファンは彼らの真似をして、高級なコニャックを熱狂的に愛好するようになった。こうしてコニャックが突然大ブームになったのである。

同時に、バーテンダーはいっそう独創性を発揮して、プロフェッショナルな「ミクソロジスト」［野菜を含むあらゆるものを組み合わせてオリジナルなカクテルを作るスペシャリスト］となった。そしてカクテルは都市部の富裕層の間でますます流行した。音楽とミクソロジストのどちらが決定的な要因だとは言えないにしても、ブランデー、特にコニャックは、ふたたび上昇気流に乗ったのである。

現在、ニューヨークなどの国際的都市では、ブランデーは食後より食前に楽しまれる傾向がある。まだ夕方の早い時間に、バーのカウンターの向こうでコニャックはしばしばカクテルシェイカーに注がれる。そしてミクソロジストは魔法のように、厳選した香味料と何かもうひとつの酒、そしてリキュールを加えて、よく冷えた非の打ちどころのないカクテルを作る。こうしてますます多くの冒険心にあふれた愛飲家が高級なバーで強めのカクテルを飲み、初めてブランデーの味を知る。特にコニャックの場合がそうだ。値段の高いコニャックのカクテルがアメリカの大都市でまず人気が高まると、各国の都市部でも世界のトレンドに敏感なミクソロジストが先頭に立って、この魅力的な流行のあとを追い始めている。

熟成期間の長いブランデーは、伝統的にイギリスとアメリカで主に消費されてきた。しかし近年の中国はヨーロッパの国々を追い抜く勢いであり、ブランデーの消費は過去10年間に急増し、いっこうに衰える気配がない。また、世界にはごく安価なブランデーに対する大き

最近、コニャック・ハーディ社は優美な彫刻のようなガラス瓶入りのコニャックのシリーズを発売し、それぞれを「土」「水」「火」「空気」、そして「光」と名づけた。錬金術における4大元素に第5の「元素」として光を加えている。これらの名前は錬金術的な意味で、コニャックそのもののなりたちを表している。

な市場が広がっている。ベトナム、フィリピン、インドなどのアジア諸国はどれも重要なブランデー消費国だ。この蒸溜酒がこのように多様な層の人気を獲得するまでに、どのような歴史があったのだろうか？　そしてブランデーはどの程度愛されているのだろうか。

生産地に加えて、熟成期間はブランデーの価格と品質に大きな違いをもたらす。しかし、どんなブランデーも最初の工程は同じように蒸溜から始まる。蒸溜が古代文明の中心地からヨーロッパへ、そして新世界へ伝わるには、数世紀を要する長い旅の歴史があった。本書ではその旅路をたどってみたいと思う。

第1章◉ブランデー誕生

◉アクア・ヴィタエ

火と黄金、ディオニュソス［ギリシャ神話の豊穣とブドウ酒の神］とクレオパトラ、初期のキリスト教と秘密結社は、すべて蒸溜の歴史に関わりがある。古代文明の初期の蒸溜技師たちは、いくつかの異なる目的を持っていた。アクア・ヴィタエ、すなわち不老不死の霊薬を探す者。相反する2元素、水と火の奇跡的な組み合わせによってアクア・アーデンズを造ろうとする者。アクア・アーデンズとは魔法の「燃える水」、つまり可燃性の液体である。

のちに中世初期になると、錬金術師はあらゆる金属の中でもっとも貴重な黄金を製造しようとしてさまざまな種類の蒸溜液を造った。古代エジプト人は、紀元前1世紀にクレオパ

蒸溜装置

トラがエジプトを治めていた時代からすでに蒸溜について研究し、尊敬される哲学者兼化学者たちは2種類の蒸溜法を実践していた。また、ギリシャではディオニュソスを崇める人々が蒸溜したワインを儀式に利用していた。

ローマ帝国がキリスト教を国教とすると、蒸溜技術は姿を消したように見えたが、実際には隠れた場所で受け継がれていた。何世紀もの間、蒸溜の工程はグノーシス派の神聖な秘密の儀式に必要な液体を造るために用いられた。キリスト教の異端の一派であるカタリ派は、千年にわたって蒸溜によって造られた「燃える水」（アクア・アーデンズ）を使って本物の「火の洗礼」を実施していた。

蒸溜の技術はアジアに伝わったか、アジアで同時期に独自に発達した可能性もある。初期のアラブ人錬金術師は明らかに、4世紀に中国の道教信者が「不老不死の霊薬」（アクア・ヴィタエ）を造るために蒸溜技術を使っているといううわさを聞いていたようだ。しかし

3世紀のヨーロッパでは、普通の水夫でさえ蒸溜の概念を理解していた。彼らは海水を蒸発させ、蒸気を注意深く凝縮させることで、長い航海に欠かせない真水を手に入れた。彼らにとってそれは「命の水」、文字通り命を保つアクア・ヴィタエだった。

ほんの少し工夫すれば、蒸溜技術は武器として利用することもできた。672年頃、マルマラ海［黒海とエーゲ海に通じる内海］に浮かぶキュジコス島の戦いで、軍船に乗った水夫はアクア・ヴィタエを使った。サラセン人［ムスリム］の海軍に対し、東ローマ帝国［ビザンツ帝国とも呼ぶ］は燃える液体を浴びせて攻撃し、首尾よく大都市コンスタンティノープルを防衛したのである。「ギリシャの火」と呼ばれたこの液体は、蒸溜したワインに加えて（あるいはその代用品として）石油を含んでいた可能性があるが、蒸溜技術の効果と、その生成物であるアクア・ヴィタエの威力を伝えるには十分なものだった。

蒸溜の知識は中東からペルシャ帝国に伝わり、発展しつつあった薬草に関する学問の進歩に貢献した。6世紀には、ペルシャ帝国の君主ホスロー1世がジュンディーシャープールという都市に医療学院を創設した。学院の周辺にはハーブや花など、多様な植物で埋め尽くされた庭園があった。アルコールの蒸溜はあらゆる薬の抽出に用いられたため、学院では重要課題のひとつとして教えられた。

イスラム教は飲酒を禁じているが、ムーア人［アフリカ北西部のムスリム］がイベリア半島を征服していた間も、ブドウはワインを造り、それを蒸溜して香水や化粧品を造るために必要だったので、スペインのブドウ畑は破壊されなかった。「アルコール alcohol」という言葉は、アラビアの女性が目元の化粧に用いる「コール kohl」〔硫化アンチモンの粉末〕という黒い粉に由来する（アラビア語のつづりは al-kuhl で、al は英語の定冠詞の the や a に相当する）。蒸溜器の名前である「アランビック」もアラビア語に語源があるが、これはもともとコップを意味するギリシャ語の「アンビックス」から来ている。「アランビック」という言葉は、1265年にはすでにフランス語の文献に登場している。

◉錬金術

ヨーロッパでは、蒸溜はごく普通の物質を錬金術師が黄金に変えるために必要な工程の一部とされていた。実際、蒸溜を含むある化学的処理を施すと、金色の被膜ができる物質が存在する。この反応は人々を期待させるのに十分だったようで、何世代もの人々がなんとか本物の金を造る方法を完成させようと夢中になった。金はもっとも貴重な金属だと考えられていたのに加えて、さまざまな病気や体の不調に効く薬になると信じられていた（ドイツには「金の水」を意味するゴールドワッサーというリキュールがあるが、この名前には金の健康上の効果に関する俗説の名残が見られる）。

錬金術で用いられるシンボルには、4大元素、すなわち土、空気、水、火が含まれる。錬金術師はしばしばそれらの元素を思いのままに操り、さらにはこの図に描かれたヘビに似た竜のような、きわめて象徴的な動物を従えることでその卓越した力を誇示した。

中世に化学、錬金術、そして医学が結びつき、蒸溜はこれらすべての分野で必要な技術になった。中世の終わりにはすでに、薬を調合するための蒸溜技術は錬金術師と医師によって北部ヨーロッパとブリテン諸島まで伝わっていた。しかし、蒸溜のもうひとつの使い道――娯楽的用途――もまた、世界に広まるのは時間の問題だった。

ワインを蒸溜して造られるものは、始めのうちは玉石混交だった。たとえばワインの販売量を増やすために、ドイツの商人は有害な化学物質を含む添加物を混ぜたワインを蒸溜した。ワイン以外の酒を蒸溜する人も多かったが、たいていはひどい結果に終わった。しかし、こうした実験によってついにウイスキーが誕生すると、もちろんすばらしい酒になった。しかしブランデーの歴史は、ウイスキーよりも前にさかのぼる。

味のよいブランデーはワインを蒸溜することによって生産できる。飲み物としてのブランデーが最初に商業的に利用された目的のひとつは、既存のワインに加えてアルコール度数を高めることだった（当時のブランデーは熟成させないので無色の蒸溜酒だった）。ワインに蒸溜酒を加えてアルコール度数を上げると腐敗しにくくなり、品質を安定させられる。ときには甘口ワインを造るために醱酵の段階で蒸溜酒を加えて、ブドウ糖がすべてアルコールに変わる前に酵母菌を死滅させる場合もある。フランスの地中海沿岸部で生産される上質な甘口ワインのルーションは、今でも現地で造られる蒸溜酒を添加してアルコール度数を高めている。

蒸溜技術はスペインからヨーロッパを北上し、おそらく13世紀にはスペイン北西部の都市サンティアゴ・デ・コンポステーラから帰国した十字軍によって、ガスコーニュ地方［現在のフランス南西部］に伝えられた。教皇クレメンス5世のおかかえ医師だったアルノー・ド・ヴィルヌーヴが、1299年に蒸溜したワインで作った薬で教皇を治療したという記録が残っている。彼はその薬を命の水、ラテン語でアクア・ヴィタエと呼んだ。フランス語で命の水を意味する「オー・ド・ヴィ」という言葉は、現在も蒸溜酒を意味する一般的なフランス語として使われている。

◉ブランデー誕生

それからまもなくアルマニャック地方（ガスコーニュ地方の中央部に位置する）で、ワインの蒸溜物が樽で保存（熟成）されるようになり、新しいブランデーの時代が幕を開けた。1310年、アルマニャック地方は最初の熟成したブランデーにその土地の名前を与えてアルマニャックと命名した。今から700年ほど前のことだ。ブランデーの蒸溜はガスコーニュ地方から南はスペインのアンダルシア地方まで広まった。アンダルシア地方のへレスという都市はシェリーという酒精《しゅせい》強化ワインだけでなく、有名なブランデー・デ・へレスの産

オランダ船の航海能力はきわめて高く、ヨーロッパの大西洋岸を定期的に往復した。この船は海上を高速で進むことができたので、短期間で目的地に到達し、コニャック地方産の蒸溜ワインなどの商品を積み込んで、オランダで待ち構えている消費者に届けた。

地でもある。一方、北へはフランスの大西洋岸に沿って、ボルドー、コニャック、そしてロワール渓谷へと伝えられた。

オランダ人商人はヨーロッパの大西洋岸を16世紀初頭から船で行き来していた。オランダの寒冷な気候ではワインの原料になるブドウが栽培できなかったので、彼らはワインを母国に輸入した。ブランデーの略史にたいてい書かれている記述に反して、コニャック地方で生産される蒸溜酒の人気が短期間で急激に広がったというわけではない。

オランダ人商人はフランス西部の大西洋岸に注ぐ川沿いの町でワイン

を買い付けていたが、おそらく最初は母国への船旅の間にアルコール度数の低い何種類かのワインを腐らせないために自分たちで蒸溜したのだろう。あるいは、濃縮した蒸溜ワインのほうが、単に輸送に好都合だったのかもしれない。蒸溜したワインは、最初はオランダ語でbrandewijn（ブランデウェイン、すなわち火を通した「焼いた」ワイン）と呼ばれ、この言葉がのちに短縮されて「ブランデー」になった。

オランダ人は、遅くとも1536年にはすでにブランデーを飲んでいた。このことは、居酒屋の店主が店以外の場所で飲む目的で客にブランデーを売ることを禁じる法律に記録されている。イギリスでは、家庭でコーディアル［ブランデーに甘味や風味を加えた飲み物］を作ったり、アルコール度数の弱いワインを「強化」したり、薬効のあるハーブやスパイスを漬け込んだりするためにブランデーが輸入された。

しかしイギリス、フランス、オランダ間のコニャック貿易は、17世紀末の名誉革命［イギリス王ジェームズ2世が追放されてフランスに亡命し、オランダからウィリアム3世が招かれてイギリスの王位についた。1688～89年］と大同盟戦争［9年戦争とも呼ばれる。フランス王ルイ14世の領土拡張政策に対抗して、イギリスやオランダなどの諸国が同盟を組んで戦った。1688～97年］によって深刻な打撃を受けた。当然のように、ブランデーのまがい物――フランス産のブランデーの風味を模倣するために、さまざまな種類の果実やスパイスを使って造られた蒸溜物――がすぐさま活発に取り引きされるようになった。

17～18世紀の不安定な政情を利用して、密輸はもうかる「産業」のひとつになった。戦争のない時期でさえ、イギリスの海岸線にある多数の入り江で陸揚げされて関税を逃れたブランデーにはいくらでも買い手がついた。アイルランドの紳士階級もブランデーを愛飲し、中にはコニャック地方に商人を送って製造所を経営する者もいた。現代の非常に有名なコニャックメーカーに、ヘネシーやオタール（本来のつづりはO'Tardで、これはアイルランド系特有の苗字である）のようなアイルランド系の名前が含まれるのはそのためだ。

ヨーロッパ、イギリス、そしてアメリカでは、ブランデーは薬効があると考えられ、消化不良から気絶まで、どんな症状にも効く治療薬としてたいていの家庭に常備されていた。旅行者はブランデーを強壮剤や消毒薬として携帯した。現代でも多くの人が正確な意味を知らないまま、「薬用ブランデー」という言葉を耳にしたり――あるいは使ったり――している。生活必需品か、楽しむための飲み物かはともかく、ブランデーと呼ばれる蒸溜ワインは、過去数世紀の間、欧米諸国では生活必需品だった。

第2章 ◉ ブランデーを造る――蒸溜と熟成

ブランデーは琥珀色をした蒸溜酒だということは誰でも知っている。しかし本当にそうだろうか？　たいていの消費者は、酒にくわしい人でさえ、ブランデーの生産方法についてはよく知らないものだ。実は、できたてのブランデーは無色である。たいていのブランデーは木製の樽で熟成されるので、木の色が溶け出して無色の液体が美しい琥珀色になり、その色が年とともに深まっていく。しかし無色であれ琥珀色であれ、ブランデーであることに変わりはない。実際、ヨーロッパやアメリカのカクテルで最近人気がある蒸溜酒は、ピスコと呼ばれる無色のブランデーだ。ピスコはペルー産のブランデーである。フランス産のコニャックや、スペイン産のブランデー・デ・ヘレスと同じ方法、すなわちワインを蒸溜して造られる。しかしピスコは通常オーク材の樽で熟成しないので、色がつかないのである。

蒸溜を終えたばかりのブランデーは無色だが、木製の樽で熟成する間に、あの美しい金色がかった琥珀色を帯びるようになる。

本書ではワインを蒸溜して造られる蒸溜酒だけをブランデーとして扱っているが、使われる原料によって、ブランデーは主に３種類に分かれる。ワインを蒸溜して造るブランデーのほかには、ブドウ以外の果実から造られるものと、ワインを造ったときのブドウの搾りかすから造られるものがある。

果実から造られるブランデーの中で有名なのは、カルヴァドス（リンゴ）やスリヴォヴィッツ（プラム）、キルシュ（サクランボ）などだが、世界中にはこのように国や地域ごとに好まれる果実を使って造るブランデーが数多くある。

ブドウの搾りかすを原料にしたブランデーは、ワインを造るためにブドウを絞ったあとに残る皮や軸、種から造る。このタイプのブランデーで特に有名なのは、イタリア産のグラッパと、フランスでマールと名づけられたブランデーの２種類だ。

本書でブドウ以外の果実やブドウの搾りかすから造ったブランデーを取り上げないのは、グラッパのような蒸溜酒はたいていブランデーと考えられていないからである。そして世界を見渡せば、ワインを蒸溜して造られるすばらしいブランデーが数え切れないほど存在するからだ。

◉蒸溜

今述べた3種類のブランデーに共通しているのは、どれも蒸溜によって造られるという点だ。ブドウ、果実、あるいはブドウの搾りかすを蒸溜酒に変えるのが蒸溜技術である。この技術は、ブランデーが誰もが知る商品になる前から中世の錬金術師によって利用されていた。「スピリット」［蒸溜酒と霊魂や精神というふたつの意味がある］という言葉が、酒類に関する話と哲学や宗教に関する話の両方で、生気にあふれた強い物質やエキスを指すのはおそらく偶然ではないだろう。蒸溜技術が中東からヨーロッパに伝わった道筋をたどり、この技術が世界各地でどのようにブランデー生産に使われるかを見てみれば、きっと面白いに違いない。

簡単に言えば、ブランデーの蒸溜とは密閉容器に入れたワインを加熱して、そこから発生する香り高いアルコール分を含む蒸気を集め、それを冷却して液体に戻す工程である。ワインを沸点まで加熱すると、水よりもアルコールのほうが多く蒸発する（アルコールは摂氏78度で沸騰するが、水は100度にならないと沸騰しないため）。この蒸気を凝結させてできる液体には、アルコールが濃縮されている。こうしてワインは蒸溜酒になる。そしてワインの芳香と風味のいくらかは蒸発するアルコールの中に残され、濃縮されて、それぞれのブランデーに独特の特徴を与える。

もちろん、ブランデーの蒸溜はワインをただ沸騰させるという単純なものではない。もしそうなら誰にでもできるだろう。実際には、蒸溜は非常に複雑で、しかも美しい工程である。広い部屋に巨大な釜のような明るく輝く銅製の容器があり、その下で薪が焚かれ、立ち昇る煙がかぐわしい匂いを漂わせている。その大きな銅製の容器は円筒状あるいはらせん状の傾斜したパイプで別の容器とつながり、全体の形は面白いほどピカピカの大がかりな実験器具のように見える——その中で造られているすばらしい産物のことを思えば、よけいに楽しくなるはずだ。

ブランデーの生産に影響を与える要因は主に3つある。ワインの種類、蒸溜装置の種類、そして蒸溜技師の腕前だ。ブランデー生産地にはそれぞれ独自の規則や伝統があって、最終的な産物の特色を生み出している。また、蒸溜器——1年のうち何か月も使用される——の種類、熟成工程、そして瓶の形といった要素も無視できない。

ブランデーを造るために使用されるワインの大半は、ふたつの特徴を持つ白ブドウから造られる。ひとつは十分な酸味を持つこと、もうひとつは蒸溜後のブランデーに豊かな芳香と風味を与えられることだ。伝統的に、ブランデー用のブドウは上質なワインにはならないものが使用されるが、例外もある。

ブドウを収穫したら、醱酵させてまずはワインを造る。このワインは（室温を管理した環境で保存しない限り）すぐに蒸溜することが重要である。なぜなら、一般的なワインに用いられる酸化防止剤の二酸化硫黄《いおう》（SO_2）は、蒸溜酒を文字通りだいなしにしてしまうからだ。そのため、コニャックやアルマニャック地方ではワインの蒸溜をいつ開始し、いつ終了するべきか――冬が終わる前、ワインがまだ自然に保存できる寒い時期――は昔から決められている。近頃ではワインは蒸溜の準備ができるまで冷却タンクで何週間か、ときには何か月も保存できるが、各地方で定められた規則に伝統が受け継がれている。

一般的に、ワインを蒸溜する前に、醱酵中に沈殿する酵母や澱《おり》などのカスは分離される。こうしたカスは蒸溜器の底にたまって焦げやすく、ブランデーの味をそこねてしまうからだ。しかし、中にはカスを除かないまま蒸溜したほうが風味豊かになると考えて、カスがワインの中で循環するように、蒸溜器にわざわざプロペラ状の撹拌機を設置する生産者もいる。

通常、ひとつの製造所で利用できる蒸溜器や蒸溜の専門家の数は限られているため、ある年に収穫されたブドウをすべて蒸溜するには何か月もかかる。ブランデーの場合、蒸溜工程には基本的に連続式蒸溜器による蒸溜（1回蒸溜）と単式蒸溜器による蒸溜（2回蒸溜）の2種類がある。蒸溜についてくわしくない普通の人々は、蒸溜の回数が多いほど酒としての品質はよいと思うかもしれない。しかしブランデーの場合、問題はそう単純ではない。1回

アルマニャック地方では、蒸溜には伝統的に円筒状の蒸溜塔が使われる。農場から農場へ手押し車で運べるほど小型なものもある。

蒸溜の伝統が守られているアルマニャック地方の誰に聞いても、自分たちのやり方のほうがすぐれていると言うだろう。しかしコニャック地方に目を転じると、2回蒸溜こそ唯一無二の方法であるように見えるかもしれない。

どちらの蒸溜方法によっても、たくさんの不純物が生じる。その中にはむかつくような悪臭がするものや、フーゼル油（アルコール醱酵の際に生成する副産物。飲み物というよりはエンジンオイルのような味がする）のようにひどい風味のものから、まぎれもなく危険な化学物質まで含まれる。「ヘッド」［蒸溜を開始してすぐ出てくる液体］と呼ばれる混合物はエタノールより揮発性が高く、したがってエタノールより低い温度で蒸発し、濃縮される。「テール」［蒸溜の最後のほうに出てくる液体］はエタノールよりも揮発性が低く、高温で蒸発し、濃縮される。2回蒸溜の場合、ヘッドとテールは通常2回目の蒸溜の際に廃棄される。2回蒸溜はコニャック地方など、いくつかの地域で採用されている。この方式ではワインは文字通り蒸溜の工程を2回通り抜けることになり、ヘッドやテールの一部は2回目の蒸溜に再利用される場合もあれば、されない場合もある。それは会社の伝統や蒸溜責任者のやり方によって異なる。

1回蒸溜の支持者――アルマニャックやヘレスの生産者など――は、1回蒸溜は2回蒸溜に比べてはるかに精密な工程だと主張するだろう。1回蒸溜の場合、蒸溜塔内の温度差

ブランデー・デ・ヘレスは有名なスペインのブランデーで、コニャックと同じ伝統的な製法で造られる。写真はスペインの都市ヘレスにあるゴンザレス・ビアス蒸溜所の、よく使いこまれた年代物の銅製単式蒸溜器。

を利用してヘッドとテールが除去され、望ましい蒸溜酒ができる。ただしこの場合、蒸溜責任者は1回の蒸溜で不要な混合物を取り除き、好ましい芳香と風味、そしてアルコール度数を保つために、蒸溜塔の温度と操作を注意深く制御しなければならない。

蒸溜技師の多くはガスの火を利用するが、蒸溜器を加熱するために薪を燃やすところもある。アルマニャック地方のシャトー・デュ・タリケ、そしてコニャック地方やスペインのへレスのいくつかの製造所では、秋の蒸溜期になるとかぐわしいスモーキーな香りが充満して、訪れた幸運な旅行者をうっとりさせるだろう。

◉熟成

蒸溜が完了すると、できあがった蒸溜酒は熟成の工程にまわされる。木製の樽で熟成することによって、ヴァニラやトフィー［砂糖とバターを加熱して作る菓子］、ドライフルーツ、スギやスパイスの香りがつく。大半の地域では、熟成期間が終わりに近づくと、ていねいに濾過した水を一定量だけ加えてブランデーを稀釈し、最終的にはアルコール度数40度程度に調節する。「カスクストレングス」（樽《カスク》から出したままのアルコール度数）は、たいていのブランデーの場合、およそ60～70度だ。熟成中にアルコールと水が（異なる割合で）蒸発するため、熟成期間中、この数字は年とともに変化している。

どの生産地にも、それぞれのブランデーを熟成させる樽の材料として好まれる木材がある。コニャック地方の近辺で産するリムーザンオークは代表的な樽材と考えられているが、アルマニャック地方やコーカサス山脈［黒海からカスピ海にまたがって東西に走る山脈］などの場所にも、同じ種類のオークの森がある。ブランデー生産者は樽職人の仕事場ですでにカットされた木材を選ぶのが普通だが、中には実際に森に出かけて、樽にする木を選ぶ人もいる。熟成樽に使う木材は、数年間自然乾燥させなければならない。

コニャックなどの高級ブランデーに使われる樽はたいてい手作りされる。まず、乾燥させた樽板をゆっくり加熱して柔軟性を持たせる。次にそれらの板を丸い金属製の枠の中に立てて並べ、板の下部だけを箍《たが》で締める。この段階では板の上部は外側に向かって広がり、開きかけた花のように見えるので、コニャック地方ではこの状態をmise en rose［バラ型のセット］と呼んでいる。これを大きな花をさかさまにしたような形で床に置き、中心に火のついた小さな炉を置く［木材を柔らかくし、内側を焦がすため］。続いて樽の上部にも箍をはめ、ゆっくりとハンマーでたたいて定位置まではめ込み、板と板をぴったり合わせる。樽の内部を十分に「焦がし」たら、底と蓋をはめれば樽が完成する。できあがった樽は、煙のたちこめる暑い作業場から外へ転がされていく。こうした樽作りの光景は、何百年も変わっていない。

熟成室は暗く静かで、地上にある場合も、地下にある場合もある。ブランデーが熟成する

コニャック地方では、樽詰めにしたブランデーの貯蔵庫（シェ）は地下にあるとは限らない。小さな農場の石造りの納屋が使われている場合もある。そこで樽は自然の空気に触れ、クモに守られながら、コニャックの熟成が進む。

につれて、樽は温かい場所から涼しい場所に、あるいは湿度の高い場所から低い場所に移される。もともと小規模な生産者は樽を納屋で保存していたし、今もそうしているところは多い。一方、大手コニャックメーカーは、樽を地下貯蔵庫などの倉庫に保管する。

しかしコニャック地方では、どんな熟成室にも共通なものがひとつある。それはクモだ。クモを殺すのは縁起が悪いとされている。ヤナギには柔軟性があるので、ごく最近までコニャックの樽にはヤナギの木でできた輪がはめられていた。コニャック地方にはヤナギを好んで食べるダニがいるが、クモがそのダニを食べてくれるので、何十年間も樽を使い続けることができる。だからコニャック生産者はクモの仕事を邪魔しないように気をつけている。ほとんどの樽が金属製の輪で締めつけられるようになった現在でも、環境のよい地下貯蔵庫にはたくさんのクモがいるのが当たり前だと考えられている。おそらくこの蒸溜酒の高級なイメージには似合わないかもしれないが、クモは欠かせない存在だ。

第3章◉世界に広まるコニャック

コニャックの町の小さな美術館を訪れると、およそ５００年前にこの町で生まれて王位についたフランス国王フランソワ１世［在位１５１５～47年］に拝謁《はいえつ》することができる。肖像画でも彫像でも、この国王は必ずと言っていいほど満面の笑みを浮かべている。そして国王がご満悦なのは、ちゃんと理由がある。フランソワ１世の治世に、川沿いの町コニャックはすでにこの地方の輸送の中心地であり、ブランデー産業が花開きつつあったからだ。オランダ人商人はこの地方で活動を広げ、取り引きする新しい商品を探し求めていた。

◉オランダ人商人

コニャックの「発明」に関してもっとも広まっている説は、オランダ人商人がこの地方のワインを腐らせないようにアルコール度数を高めて輸送し、母国の港に着いてから水を加えて元に戻したというものだ。しかし、この説は実際に起こったことを単純化して語ったにすぎない。この時代、オランダ人商人は経験豊富でしたたかな貿易業者だった。彼らはただひとつの目的、すなわち利益を最大化するために、何をどうやって売り買いすればいいか、何をどんなふうに建設すればいいかを嗅ぎ分ける洞察力があった。

彼らは16世紀からフランスの大西洋岸を精力的に航海した。オランダに持ち帰る商品の中でもっとも重要なもののひとつは、フランス沿岸の貿易港ラ・ロシェルで船積みされる塩だった。ラ・ロシェルは狭い海峡を挟んでイル・ド・レ［レ島］の対岸にある。イル・ド・レは現在でもすばらしい品質の塩を産出することで有名だ。また、ラ・ロシェルはコニャックの町を流れるシャラント川の河口近くに位置している。当然、積み荷の中にはワインもあった。

ロワール渓谷のワイン生産者は、ロワール川沿いの大きな交易都市ナントにワインを輸送した。ナントは大西洋への出口に当たり、オランダ人が築いた商人の居住地があった。また、ナントより南のシャラント川沿いの地域にもオランダ人の居住地が築かれた。オランダ人商人はボルドーとも取り引きがあった。ボルドーは大西洋に面したジロンド川の広い河口から容易に船で行くことができた。

これらのフランス産ワインの中には風味が薄く、品質が変わりやすいものがあったので、商人は輸送のためにワインの品質を安定させる方法を模索した。また、ワインをもっと長期間熟成させたいとも考えた。もっとも、彼らが考えるワインの熟成は、ワインの風味がまろやかになるまで、瓶詰めしたワインを何年も寝かせておく現代の考え方とは違っていた。当時、ワインは翌年のブドウが収穫されてワインになるまでの1年間だけ腐らずに保存できれば十分だった。

しかし、ロワール渓谷やボルドー産のワインは、蒸溜酒として売るよりワインとして売るほうが高く売れるのは明らかだった。そこでオランダ人商人はロワール渓谷やボルドー産のワインを輸入して売る一方で、コニャック地方産のワインは引き続き蒸溜し続けた。そのほうが高い利益が得られたからである。

この時期は政治的にも宗教的にも動乱の時代で、コニャック貿易も当然ながら影響を受けた。英仏間の戦争や紛争は継続していて、カトリックとプロテスタントは狭い地域で、あるいは国全体で、ときには国際的な規模で、フランス、イギリス、オランダや他の北ヨーロッパ諸国内で争っていた。

17世紀にある地域で起こった大きな紛争が、コニャックの町の経済的発展に大きく貢献した。1651年の戦いで、城塞都市コニャックの市民は、ルイ14世に仕える軍人でブルボン家の貴族ルイ2世の敵の軍隊を押し返すことに成功する。ルイ14世はのちにその褒美としてコニャックの町のワインと蒸溜酒にかかる税と関税を免除した。この経済的利点を生かしてコニャックの町はたちまち近隣の都市をしのぐ経済的発展を遂げ、地元のあらゆる輸出品が集まる地域全体の商業の中心地になった。もちろん商品の中にブランデーもあった。こうしてコニャックは世界でもっとも有名なブランデーへの道を歩み始めたのである。

イギリスとヨーロッパでは、18世紀に入っても政治的紛争が続いた。フランス人に頼らなくても、好みの、そして高い利益が見込めるブランデーが手に入れられるように、何人かのイギリス人はシャラント地域に来てコニャック製造所を設立した。度重なる英仏間の紛争に乗じて、アイルランド人もコニャック産業に参入するチャンスをつかんだ。

イギリス人やアイルランド人の進出によって、これまでフランスのブランデー貿易をほぼ独占していたオランダ商人の牙城《がじょう》は崩れた。オランダ国民はこれまでどおり蒸溜酒を愛飲したが、その頃にはすでに、手に入る蒸溜酒はブランデーだけではなくなっていた。蒸溜技術の発達によって、オランダのようにブドウの栽培に適さない寒冷な気候の土地でも穀物から蒸溜酒を生産することが可能になったからだ。

◉コニャックの名声

ブランデーをはじめ、これらの蒸溜酒は当初、フランス語でオー・ド・ヴィ［命の水］と呼ばれた。しかしまもなくその土地の言葉や、生産地の名前からそれぞれに特定の名前がついた。オランダにはジュネヴァ（ジンの元祖）があった。スコットランドはスコッチ・ウイスキーの生産を開始した。ロシアなど北ヨーロッパの国々はウォッカを造り始めた。新世界ではラムが誕生した。しかしこれらの国々でも、特にオランダ、ドイツ、イギリスの上流社会ではあいかわらずコニャックが飲まれていた。そして18世紀前半になると、コニャックメーカーの看板にフランス、イギリス、そしてアイルランド系の名前が現れるようになる。その中にはマーテル、ヘネシー、レミーマルタンのように、現在も一流コニャックメーカーとして残っているものもある。

その間にも、コニャックは他の北ヨーロッパ産の蒸溜酒（オー・ド・ヴィ）との違いを明確にし始めた。確かにどの蒸溜酒も、錬金術、医学、そして宗教的習慣が混ざり合って生まれた、燃えるような酒、生気を高めてくれる酒であるには違いない。しかし、コニャックはほかと比べてほんの少しまろやかで洗練され、当時手に入ったどのオー・ド・ヴィよりも風味豊かだった。

コニャックの品質と名声を高めた要因はほかにもある。まず、コニャック生産地の近くに、すばらしい熟成樽の材料となる木材を産出するリムーザンの森があった。もうひとつは、パリ、そして最終的には世界中のフランス植民地でコニャックが盛んに飲まれるようになったことだ。

18世紀初めには、フランス北部に住む人々にもコニャックの名が知れ渡るようになった。イギリス人と違って、フランス人にはコニャックを高級な酒として後生大事に飲む習慣はなかった。天候不順のためにブドウが不作になり、地元産のワインが手に入りにくい年には、フランス人は安いコニャックをワイン代わりに飲んだ。実際、他の国々に比べて、フランスではつねにコニャックはさほど特別扱いされてこなかった。その理由のひとつはコニャックをワイン代わりに飲んだこの時代の習慣にあるが、もうひとつの理由は、コニャックは主として輸出商品だと考えられていたからである。

輸出のため、コニャックは樽に入れる必要があった。その樽はもちろん、地元の木材から作られた。コニャック生産地の周辺の森は良い木材が取れる森として中世からよく知られていた（のちにその木材はルイ14世の軍艦を建造するために使用された）。このリムーザンオークは現在でも一級品と考えられている。リムーザンオーク（イングリッシュオークまたはフレンチオークとも呼ばれる。学名 *Quercus robur*）の樽の中で、コニャックは完璧に熟成する。このオークは比較的木目《きめ》が粗いので、液体がほどよく樽に浸透し、色やかぐわしい香り、そして風味が樽から蒸溜酒に移るのである。

樽で熟成したコニャックの琥珀色の色合いは、同時期にブドウ以外の果実や穀物から造られたオー・ド・ヴィとコニャックを区別する決め手になった。他の蒸溜酒は生産地周辺で消費される場合が多く、樽で熟成しないため、無色である。やがて樽熟成はコニャック地方産（アルマニャック地方も同じく）の蒸溜酒の典型的な特徴になったので、生産者はもっぱらコニャックの質を上げるためだけに、樽の製造と管理の技術をマスターした。

樽熟成がコニャックの重要な特徴になるにつれて、熟成の概念そのものに新しい意味が付け加えられた。これが「ナポレオン・コニャック」という呼称が誕生した理由である。現在、ナポレオン・コニャックと名乗るためには、コニャック地方のルールに定められた詳細な熟成の条件に合格しなければならないが、このルールはコニャック地方で比較的最近定められたものにすぎず、世界各地で一般的に順守されているわけではない。

◉ナポレオンのコニャック

有名なコニャックメーカーのクルボアジェ社は、自社の製品に「ナポレオンのコニャック」の名を冠した。クルボアジェ社はパリ郊外でワインと蒸溜酒を製造する会社として設立され、1810年にナポレオン・ボナパルトが同社を訪問したと言われる。おそらくそれが理由で、ナポレオンは長期にわたるナポレオン戦争中に、兵士を鼓舞するために毎朝コニャックを配給する命令を出したのだろう。クルボアジェ社は皇帝ナポレオンとの関係を誇らしげに宣伝した。そして1828年、クルボアジェ社はコニャックの生産に集中するため、本社をコニャック地方に移転する。今でもクルボアジェ社の本社はコニャックの町からシャラント川をほんの少し上流にさかのぼったジャルナックにある。

コニャックに対するナポレオンの肩入れがあったせいで、ブランデー生産者（コニャック地方でも世界の他の生産地でも）は次々と自社ブランデーにこの皇帝の名前を冠するようになったと言われる。また、19世紀に入ると、熟成したコニャックの価値がいっそう認められたため、真偽はともかく、ナポレオンの時代から熟成を重ねた貴重なコニャックという意味で「ナポレオン・コニャック」の名が多くの生産者によって使われ始めたという説もある。どちらにしても、ナポレオンの名前はコニャックの高級感と売り上げの両方を高める結果になった。その効果は絶大だったので、他国のブランデーにもその名前が使われるようになり、コニャック地方の生産者は今もなお「ナポレオン・コニャック」の名前の乱用を規制するために努力している。

◉イギリスとアメリカでのコニャック

コニャックがもてはやされる時代の始まりとともに、イギリスでは1840年代にロバート・ピール首相がコニャックにかかる関税をおよそ3分の1に下げ、コニャックは厳しい保

伝統的なコニャック樽はヤナギで作られた輪で締められている。

護関税を免れることになった。1860年にもさらに減税が実施され、その6年後にイギリスへのコニャック出荷量は倍になった。

イギリスでは樽詰めしたばかりでまだ熟成していないコニャックをコニャック地方から販売者が直接船積みし、イギリスの波止場の倉庫で熟成させる方法が普通だった。このコニャックは瓶詰め後、生産者ではなく、信用のある商人の名をつけたラベルを貼られることもあった。こうしたコニャックは「アーリーランデッド」［熟成前に陸揚げされたという意味］と呼ばれ、コニャック地方とは異なる気候で熟成したために、若干異なる味と香りの特徴を持っていた。

この頃には、アメリカではカクテルのベースとしてブランデー（たいていコニャックだった）の人気が高まっていた。これは（最初の）カクテルブームの時代で、ほぼ19世紀の終わりまで続いた。また、フランスではコニャック初の瓶詰め工場ができ、消費者は樽でなく透明なガラス瓶で出荷されたこの独特な蒸溜酒の持つ黄褐色の色合いを確かめ、楽しむことができるようになった。この時代はコニャックにとってすべてが順風満帆だった。しかし19世紀末にこのブームは突然終わりを迎えるのである。

アメリカでは、コニャックは国中で——とりわけ南部で——裕福な紳士が飲む蒸溜酒だった。しかし南北戦争（1861～65年）後、南部の経済全体が大きな打撃を受け、コニャック市場は干上がってしまった。また、アメリカ人は独自にウイスキー［大麦、小麦、トウモロコシなどの穀物を原料とする蒸溜酒］製造を始め、バーボンやライウイスキー［ライ麦を原料にしたウイスキー］といった国産の蒸溜酒を好むようになった。さらにアメリカでは安価なラム酒［サトウキビを原料とする蒸溜酒］が出回るようになる。19世紀が終わる頃には、これらの蒸溜酒がカクテルだけでなく、アメリカ人のライフスタイルの中でもコニャックに取って代わった。

◉害虫被害

同じ頃——正確には1872年のことだが——コニャック地方のブドウ畑が害虫による

被害に見舞われた。それはちょうどナポレオン3世が普仏戦争［フランスとプロイセン王国との戦争。1870～71年］に敗北し、プロイセンへの損害賠償の財源としてワインと蒸溜酒に新税が課された時期に当たる。この税金が原因で、フランス国内のコニャック消費量は大幅に落ち込んだ。

コニャック地方のブドウ畑を襲ったのは、ゆっくりと拡大する害虫の被害だった。この害虫はまるまる20年かけてブドウ畑に壊滅的な被害を与えた。ブドウ畑を全滅させるこの害虫はフィロキセラと呼ばれ、19世紀の終わりから20世紀初頭にかけてヨーロッパ中に広がり、ブドウの木を次々枯死《こし》させた。フランス中のブドウ畑が被害を受け、木を回復させる方法も、この貪欲な害虫を駆除する手段もなかった。コニャック地方ではフィロキセラは数十年かけてゆっくり広がり、最後まで無事に残ったブドウ畑は、1890年代初めのコニャック地方のブドウ畑の総面積から見れば、ほんのわずかにすぎなかった。

本物のコニャックが世界で類を見ない存在であるのは、原料となるブドウとその地方の気候、そして蒸溜し、熟成する生産者の経験や、コニャックの名を広める販売者の努力によっている。しかしコニャック地方のブドウの全滅という悲劇に加えて、コニャック生産者は、彼らが生産する上質な蒸溜酒への需要が、かえって世界のさまざまな国でその国独自のブランデー生産を促す結果になったことを知った。

冬の間、ブドウ畑はすっかり刈り込まれて次の栽培シーズンを待つ。

多くの生産者が品質の劣った蒸溜酒を造って「コニャック」と命名した。たとえばアルメニアとジョージアの生産者は国内市場向けに品質の高い「コニャック」を生産するために、１８７０年代に蒸溜器と生産技術をコニャック地方から求めた。１８８０年代には、イタリアとギリシャの生産者が国産ブランデーを大々的に売り始めた。コニャック地方とは違うブドウを使い、商品の品質はきわめて高い場合も、そうでない場合もあったが、どの業者もそれぞれの蒸溜酒を売るために、「コニャック」の名前を拝借した。そのため、コニャック地方の生産者はブドウ畑を復活させる方法を考える必要に加えて、世界中で売られている他のブランデーにどう対抗していくかにも頭を悩ませなければならなかった。やがて彼らは他国の生産者を相手に、世界中でコニャックという名称の独自性と統一性を守るという困難な仕事に取り組み始めた。

コニャック地方では、フィロキセラに対する効果的で長期的な対処法は見つけられなかった。19世紀末、できることはひとつしかなかった。フィロキセラに耐性を持つブドウにそっくり入れ替えることだ。それが、神に祈り、化学薬品を撒き、水療法（ブドウ畑を浸水させる）を試み、あらゆる手を尽くした最後にたどり着いた「治療」だった。

フランスのほかの地方と同様に、コニャック地方はアメリカから輸入した台木《だいぎ》［接ぎ木の台にする根のある木］にヨーロッパ系のブドウを接ぎ木して植えた。この方法はボルドーやバーガンディで、メルロー、カベルネ・ソーヴィニヨン、ピノ・ノワールなどのブドウで功を奏した。最初、コニャック地方のブドウ栽培者は、何世紀もコニャックを造るために使われてきたのと同じ白ブドウ、フォル・ブランシュとコロンバールという品種を接ぎ木した。しかしフォル・ブランシュはアメリカ産のブドウの台木には合わなかった。

そこで彼らはコニャック地方の別の白ブドウ、ユニ・ブラン（トレッビアーノとも呼ばれる）の接ぎ木を増やし始めた。ユニ・ブランは性質が少し異なり、おそらくフォル・ブランシュと比べるとあまり特徴のないワインになるが、蒸溜すると、コロンバールを加えても加えなくてもすばらしいコニャックができる。こうしてコニャック地方はブドウの栽培とコニャッ

ユニ・ブランというブドウの品種はコニャックとアルマニャックの両方の生産に欠かせない。写真はアルマニャック・ドロー社で撮影。

ク生産を続けられるようになった。

第4章◉アルマニャックの豊かな歴史

◉もっとも古いブランデー産地

フランス南西部の中心を占めるアルマニャック地方は、数百年前とほとんど変わらない牧歌的な光景が広がる、時を超えた雰囲気が漂うのがふさわしいような地域だ。アルマニャックはもっとも古くからブランデーを生産してきた地域だ――コニャック地方よりも数百年も早い。アルマニャックと呼ばれる蒸溜酒は、つい最近の２０１０年に７００回目の誕生日を祝った。アルマニャックでこんなに早く蒸溜技術が発達したのはなぜなのだろうか？　そしてアルマニャックがコニャックほど有名にならなかった原因は何だろうか。その理由はアルマニャック地方の地理的条件にある。

アルマニャック地方の美しい風景に囲まれて、なだらかに起伏する丘陵地帯に手入れの行き届いたシャトー・デュ・タリケのブドウ畑が広がっている。

たいていのアルマニャックメーカーは、生産の本拠地を田舎に持っている。なだらかに起伏する丘陵地帯に、狭い畑とこぢんまりした牧草地が点在する場所だ。彼らの本拠地は村のはずれか、ブドウ畑に囲まれたところにあるが、町の中心に本拠地を持っている生産者もわずかにいる。たとえばリスト・デュペイロン社は長い歴史がある町、コンドムに本社を構えて100年以上になる。14世紀と今とでは、アルマニャック生産にどんな違いが生じているだろうか？　アルマニャックは最初、どのように造られたのだろうか。

第1章で述べたとおり、中世初期に蒸溜技術が中東からイベリア半島を経由してフランス南部に伝わった。当時、西洋は魔法と神秘が支配する時代から、科学の黎明期へゆっくりと移行しつつあった。医学はその両方の分野にまたがり、医者はブランデーと呼ばれるワインの蒸溜物を薬として処方していた。

アルマニャックという蒸溜液の健康上の効果を文書にまとめた最初の人物は、1260年に生まれて1327年に世を去ったフランシスコ会修道士、ヴィタル・デュ・フールだった。デュ・フールは1310年に執筆した医学書でアルマニャック地方の蒸溜酒が持つ健康上の効能の重要性について述べ、これがアルマニャックの名声の始まりとなった。彼はこの蒸溜酒を「アクア・アルデンテ（燃える水）」と命名した。これが現在のアルマニャックの直接の祖先だと考えられている。

デュ・フールの著作は非常に重要視され、何世紀も写本の形で読み継がれた。印刷技術が発明されると、その本はさらに多くの読者の手に届くようになった。ヴァチカンの記録保管所には1531年に出版されたデュ・フールの本が1冊保管されている。この本の中で彼は、アルマニャック地方の「アクア・アルデンテ」で造った飲み物が持つ42の効能を挙げている。その奇跡的な効能には、切り傷、擦り傷の治療や、記憶の回復、麻痺《まひ》した手足の回復、そして臆病な人を勇気づけることまで含まれていた。

●職人技の蒸溜法

それから数世紀の間に、フランスのガスコーニュ地方の一部であり、歴史的にアルマニャックと呼ばれてきた地方ではこの蒸溜酒の需要がますます高まり、それに合わせてアルマニャック生産が増加した。内陸というアルマニャック地方の地理的条件は、アルマニャックの発達に大きな影響を与えている。商業的輸送に利用できる河川がなかったため、アルマニャック地方は外界からやや隔絶されていた。そのため、アルマニャックはフランス初の高級ブランデーを名乗る権利があるにもかかわらず、かなり最近まで輸出がむずかしく、コニャックほど世界的に名声を響かせることはなかった。

アルマニャックとコニャックには、もうひとつ重要な違いがある。アルマニャックは1回の蒸溜で生産されるという点だ。初めのうちこそアルマニャックは単式蒸溜器を使って1回または2回の蒸溜で造られていたが、1818年以来、特許を取得した「アルマニャック式蒸溜器」と呼ばれるずんぐりした円筒形の蒸溜器で1回蒸溜して造られている。この蒸溜法によって、コニャックとはまったく違う風味を持つ高級ブランデーが生み出される。

職人技のようなこの蒸溜法には大きな利点がひとつある。蒸溜器が小型なので、容易に持ち運べることだ。実際にアルマニャック地方ではそういう使い方がされていた。台車に蒸溜

シャトー・ロバードの屋敷は、ここで生産されるブランデーが20世紀初めに有名になって以来、アルマニャック地方の田舎の見どころのひとつになっている。

現在では、この由緒ある屋敷の明るい色で塗られた外観が、シャトー・ロバード周辺の牧歌的な風景に彩を与えている。

シャトー・デュ・タリケで今も使用されている伝統的な円筒型のアルマニャック式蒸溜器。薪を焚いて加熱する。

器を載せて小さなブドウ農家を次から次へと移動させれば、普通の農家でも自分の畑で自家製のアルマニャックを造ることができた。この習慣は現在も続き、アルマニャック生産がじっくり時間をかけて発展してきたことと合わせて、ブドウ畑の中に立つ多数の小規模な製造所が生産を続けることを可能にしている。田舎の小道に立つ職人的な生産者が経営する製造所は、今ではこの地域の大きな魅力になっている。

しかし、現在アルマニャックの生産に使われているブドウは、19世紀末まで使われていた品種と同じものではない。フランスのほかの地方と同様に、アルマニャック地方のブドウ畑もフィロキセラの拡大によって大きな痛手を受けた。フィロキセラが発生してブドウの木の根に寄生し、ヴィティス・ヴィニフェラ（ワイン用のブドウ）を全滅させるまで、酸味の強いフォル・ブランシュという品種の白ブドウが、コニャックと同様にアルマニャックのベースになっていた。フィロキセラがブドウ畑を襲ったのち、フランスの品種改良家のフランソワ・バコがフィロキセラに耐性のあるブドウの開発に成功した。それはアルマニャックやコニャックの原料になるフォル・ブランシュと、アメリカ系のノアというブドウ（根にフィロキセラ耐性がある）の交配種だ。

現在では、バコ22Aという無味乾燥な名前を持つこのブドウからとびきり上質なアルマニャックができることを多くの生産者が認めている。とりわけ砂利を多く含むバ・ザルマニャックの最高の土壌で育つと、すばらしいアルマニャックになる。

ブドウの栽培とアルマニャックの生産という観点から、アルマニャック地方は3つの地域に区分されている。おおまかに西から東の順で、最高の土壌と考えられているバ・ザルマニャック、次にアルマニャック・テナレーズ、そしてオー・タルマニャック地域である。現在、アルマニャック地方では主にバコ、コロンバール、フォル・ブランシュ、そしてユニ・ブランが用いられている。アルマニャックに使うことが許可されているブドウは合計10種類あり、右記以外にクレレット、グレス、ジュランソン・ブラン、モーザック（ブランとロゼがある）、メリエ・サン・フランソワの6種類があるが、これらはあまり知られていない。

◉アルマニャックの魅力

アルマニャックはコニャックに比べると、よりフルーティでフローラルな芳香を放つ蒸溜酒だ。また、アルマニャックに含まれる成分は、熟成とともに融合してまろやかになるのに時間がかかるため、口当たりのよい上質なアルマニャックは、手ごろなものでも一級品のコニャックより古く、価格もそれに応じて高価な場合がままある。

アルマニャックはコニャック地方に近い森で産出するリムーザンオークの樽で熟成される場合もあるが、地元のガスコーニュ地方の森の木の樽に入れると異なる風味がつき、熟成の

ブランデー生産者は数十年かけて熟成したブランデーを古酒秘蔵庫に入れて保管している。この貯蔵庫が楽園を意味する「パラディ」と呼ばれるのは不思議ではない。写真はアルマニャック・ドロー社で撮影。

デミジョンという細首の大型瓶に入れられた熟成ブランデーが、シャトー・ロバードの古酒秘蔵庫で特別なブレンドに使用される日を待っている。

間に黄金の色合いがますます深まる。現在、アルマニャックには熟成の期間に応じて等級をつけるシステムがあり、厳密な規則によって守られている。しかし、全国アルマニャック事務局（ＢＮＩＡ。１９４１年設立）は、アルマニャックの瓶のラベル表示を簡略化する作業に取り組んでいる。

ＢＮＩＡが推奨する格付けは次のようなものだ。初級のＶＳあるいは３つ星は1年以上熟成したもの、中級のＶＳＯＰは4年以上の熟成、オール・ダージュは樽に入れて少なくとも10年たつ正真正銘の熟成したアルマニャックで、ラベルには熟成年数（たとえば10年、15年、25年）が表示される。そしてヴィンテージ・アルマニャックは、ある年に収穫されたブドウだけを使って造られたもので、少なくとも10年以上の熟成期間を必要とし、ラベルに収穫年を記載しなければならない。また、ＢＮＩＡはコニャックの等級に用いられるＸＯやヴィユー、ナポレオンなどの名称は、アルマニャック地方では段階的に廃止したいと考えている。

瓶に詰めたあとは、アルマニャックはいつ飲んでもかまわない。瓶の中ではもう熟成は進まないからだ。しかし栓を開けても、アルマニャックは温度の低い場所に置いておけば、何週間、ときには何か月も保存できる。現在では５００ものメーカーと３００の協同組合が年間合計およそ６００万本のアルマニャックを生産している。アメリカとイギリスで売ら

アルマニャックメーカーのマルキ・ド・モンテスキューの美しくデザインされた近代的な樽熟成庫。

れている主なブランドに、バロン・ド・シゴニャック、カスタレード、ダローズ、ダルティガロング、ドロー、ジェラス、ジャノー、ロバード、ラレシングル、マルキ・ド・モンテスキュー、ペルオー、リュスト・デュペイロン、サマレンス、タリケなどがある。

アルマニャックは今も昔もアメリカではなかなか手に入らない蒸溜酒だ——イギリスではもう少し手に入りやすい——が、中国ではアルマニャックの人気は上昇中だ。交通の便がよくなった現代では、何世紀もの間アルマニャックの普及を阻んできた貿易の地理的制約はもはや問題ではなくなった。アルマニャックは東アジアでは格式の高い酒として、濃厚な風味を求める人々を

アルマニャック・ドロー社では、瓶を手作業で色鮮やかなワックスに浸して封をすることで、種類の異なるアルマニャックを区別している。

満足させ、長い歴史が醸し出す風格を漂わせている。そして美しく洗練された箱のデザインがそれに花を添えている。わずか数年の間に、アルマニャックは中国で人気が急上昇した。2012年には、中国のアルマニャック消費量はアメリカをしのぐほどになった。

上：アルマニャックのラベルの中には、伝統を守って手書きされ、瓶に手で貼り付けられるものもある。

左：アルマニャック・ドロー社ではアルマニャックを瓶詰めしたのち、1本1本に自社の印章を手で押す。これは半世紀以上熟成したアルマニャックを詰めた特別な瓶。

第5章◉ヨーロッパとコーカサスのブランデー

◉ヨーロッパのブランデー

19世紀にコニャックの評判が広まると、ヨーロッパ諸国や東の国々、特にコーカサス山脈の懐に抱かれたアルメニアやジョージアは、こぞってブランデーを生産し始めた。19世紀末になると、蒸溜酒生産者はコニャックの名声を利用し、コニャックよりずっと安く造れるブランデーを生産して、輸入品のコニャックよりはるかに安い値段で売った。多くの地域でその土地のブランデーが「コニャック」と呼ばれることさえあったが、コニャック生産者による厳しい規制が功を奏して、この名称はしだいに「ブランデー」に置き換えられた。コニャック地方以外では、ブランデーメーカーはたいてい地元で栽培されるブドウを使って蒸溜酒を造ったが、蒸溜器や生産方法だけでなく、ブドウまでコニャック地方から輸入する会社もあった。

たとえばコニャックが高い評価を得ていたドイツでは、ブランデーメーカーの多くが、ブランデー用のブドウの一部またはすべてをコニャック地方から輸入した。現在でも、ドイツの一流ブランデーメーカーのアスバッハ・ウラルトやデュジャルダンは、シャラント県（コニャック地方）からブドウを輸入している。また、ロシア、インド、そして遠く離れたアジアでも、コニャック地方からブドウを取り寄せるブランデーメーカーがある。

イタリアでは16世紀からブランデーの蒸溜がおこなわれてきた。この国にはブランデー生産に適した地理的条件を満たす特定の地域があるわけではないが、イタリアの有名なブランデーメーカーのひとつは１８２０年から操業している。この年にコニャック地方生まれのジャン・ブートンがエミリア・ロマーニャ州［イタリア北東部の州］に行き、コニャックに使われるユニ・ブラン種のブドウ（トレッビアーノと呼ばれる）がその土地でよく育つことを発見したのが始まりだ。彼は蒸溜所を設立し、ヴェッキア・ロマーニャという名のブランデーの生産を始めて、「ジョバンニ・ブートン」の名で知られるようになった。このブランドは現在でもイタリアでもっともよく売れているブランデーのひとつだ。

ストックというイタリア産ブランデーメーカーは１８８４年に創立され、ヨーロッパでは非常に有名な何種類かのブランデーを生産している。人気の絶頂期は1960年代と70年代だったが、今でもイタリアやその他の国々でよく飲まれている。

商業的に生産されているもうひとつのイタリア産ブランデーのトップブランドは、フラテッリ・ブランカ社によって造られている。この会社が造るストラヴェッキオ・ブランカは、イタリアでは誰もが知るブランデーだ。イタリアでは喉が痛いとき、このブランデーをホットミルクに垂らして飲む。フラテッリ・ブランカは1888年にブランデー造りを始めたが、その工程は独特だ。同社はブランデーを瓶に詰める前に、「マザー・バレル」と呼ばれる樽の中で熟成を続ける別のブランデーを最大3分の2までブレンドする。完成したブレンドは3年から10年熟成されたブランデーを含んでいることになる。また、フラッテリ・ブランカはマグナマーテルという最高級ブランデーも生産している。

イタリアにはブランデー通向けの高級ブランデーを生産する会社がほかにもある。ワインやグラッパの生産が本業だが、ブランデーも造っている会社に、ヴィッラ・ザッリ、マルケシ・デ・ビアンキ、ジオリ、そしてワインメーカーのマルケーゼ・アンティノリ、スパークリングワインで有名なベラヴィスタ、グラッパメーカーのヤーコポ・ポリがある。

地中海を渡ってギリシャに目を移すと、もっとも有名なギリシャ産「ブランデー」のメタクサは変わり種ではあるが、面白い飲み物である（若い頃に地中海で休暇を過ごした旅行者

アルメニアのエレバンでは1世紀以上もの間、上質なブランデーが造られてきた。これらの瓶や樽はその歴史を物語る。

には、メタクサの味が強く印象に残っている人が多い)。1888年にスピロス・メタクサという人が自分の名を冠した蒸溜酒を造り始めると、その評判は世界中に広まった。メタクサは当時ギリシャで造られていた粗野な国産蒸溜酒に比べると、格段に出来がよかった。しかしメタクサは蒸溜酒に甘口のマスカット・ワインとハーブを混ぜているため、厳密に言えば標準的なメタクサは(標準的な)ブランデーではない。

◉コーカサスのブランデー

ギリシャからさらに東へ行くと、コーカサスではアルメニアやジョージアで品質のよいブランデーが造られている。最初は地理的な距離のために、その後は鉄のカーテンによって、長らく西欧の目に触れる機会がなかったが、これらの国々にはシャラント式（コニャック方式）の蒸溜器と熟成法を使って良質なブランデーを精力的に生産する会社がいくつもあり、その昔はロシアの皇帝に製品を届けていた。1917年にボリシェヴィキ［ロシア革命を主導し、のちにソヴィエト共産党と改名］がロシア皇帝の冬期の宮殿である冬宮を襲ったとき、革命家たちは皇帝が所有していた見事なブランデーの数々を飲みほしてしまい、革命全体が1週間中断したと伝えられている。

数十年前まで、山岳国であるアルメニアはロシアをはじめ、ソヴィエト社会主義共和国連邦に所属する国々にブランデーを供給するように指定された主要生産国のひとつだった。ソ連が崩壊すると流通ネットワークは一夜にして消滅し、アルメニアのブランデー市場は失われた。現在、アルメニアのブランデー産業は復活しつつある。かつての市場は安定し、アルメニアのブランデーメーカーは新しい市場に目を向けている。

目下のところ、アルメニアには大きなブランデーメーカーが3社あり、民営化に取り組んでいる会社がさらにいくつかある。首都エレバンでは今でも数社が——たいていは近代化した施設で——生産を続けているが、多くは首都周辺の標高の高い乾燥した高原にある。主なメーカーはアララット、ノイ、プロシュヤンであり、以前大企業だったヴェディ＝アルコ社のように、復活の兆しを見せている会社もある。

紛らわしいことに、アララットとノイは両方ともエレバン・ブランデー会社と呼ばれる場合がある。アララットは聖書の中でノアの箱舟が漂着したとされる山の名前で、ノイはアルメニア語でノアを指している。どちらの会社も1877年にアルメニアでブランデー生産を始めたという。

アルメニアのブランデー生産は、エレバンに向かう道を監視できる場所に建てられた16世紀のペルシャ［現イラン］の城跡に、1軒のブランデー蒸溜所と熟成庫が造られたところから始まる。1899年にロシアの大事業家でブランデー販売業者のニコライ・シュストフがこの会社を買収し、アルメニアの重要なブランデー産業の基礎を築いたと考えられている。ブランデー産業はアルメニアの歴史に大きな役割を果たしたため、シュストフの肖像が印刷された切手が2007年に発行された。

シュストフのブランデー製造会社は、1912年にロシア皇帝ニコライ2世の宮廷への公式供給者として認められた。ソヴィエト連邦時代には、シュストフのブランデーはロシアをはじめとするソ連の国々で非常に人気があった。1945年のヤルタ会談で、スターリンはイギリス首相ウィンストン・チャーチルにアルメニア産ブランデーを自慢したと言われている。チャーチルはその味がいたく気に入ったようで、以後、スターリンは自分が死ぬま

エレバン・ブランデー会社の貯蔵庫では、そこかしこに魅力的なスターが顔をのぞかせる。通路ごとにアルメニア出身の有名人［写真は世界的に有名なアルメニア系の歌手、シャルル・アズナヴール］の名前がつけられ、樽には著名人や政治家のサインがある。

2007年に発行されたニコライ・シュストフを記念する切手。シュストフはアルメニアの重要なブランデー産業の生みの親と考えられている。

でチャーチルに毎年1ケースのアルメニア産ブランデーを送り続けた（ジョージア産ブランデーの話にもチャーチルはふたたび登場する）。

ソヴィエト連邦時代にシュストフの会社はエレバンと改名し、1950年に生産拠点と熟成庫をエレバン市の新しい近代化された施設に移転した。1998年にこの会社はワインおよび蒸溜酒の国際的コングロマリット［複合企業］、ペルノ・リカール社に買収され、現在はアララット社として知られている。同社の近代的な生産施設は、名高いブランデーを生産するためにコニャック方式の蒸溜法を使っている。アララット社は現在、5000軒のブドウ農家からブドウを買い上げ、年間550万本のブランデーを出荷し、そのうち92パーセントがロシアとバルト3国［バルト海東岸のエストニア、ラトビア、リトアニア］に輸出されている。

また、アララット社の貯蔵庫には「ピース・バレル」［平和の樽］と呼ばれる熟成樽が保管されている。この樽にはナゴルノ-カラバフ地域の領有権をめぐるアルメニアとアゼルバイジャン間の紛争に停戦が成立した1994年を記念して、この年に両国で造られたヴィンテージ・ブランデーが混合されている。この樽は2001年に献納され、この地域で正式に和平条約が結ばれたときに開けられることになっている。

ソ連崩壊後、民間の投資家が共同で資金を集め、2002年に元のシュストフの施設で生

エレバン・ブランデー会社のアララットという名のブランデー。同社の近代的な会議室で、食後のデザートとともにテイスティングされる。

エレバンの歴史あるノイ・ブランデー会社の現在のラベルは、アルメニアのアララット山に漂着したノアの箱舟を描いている。この2本にはそれぞれ熟成期間が10年と20年のブランデーが入っている。

産を再開した。彼らは新しく立ち上げたこの会社をノイと命名し、会社のロゴをノアの箱舟とし、１８７７年という年号を記載した。どうやらシュストフは新しい場所に移転したとき、貯蔵したものすべては持ち出さなかったようだ。その証拠に、ノイ社の貯蔵庫の地下深くから、今でも１００年近く前のブランデーが見つかる。アルメニアのブランデー産業は一周して元の場所に戻ってきた。２０１１年に、ノイはロシア政府に供給する新しいブランデーの生産を開始している。

プロシュヤン社のオーナーによれば、この社名は古くからある由緒正

プロシュヤン・ブランデー会社の熟成庫は建築学的な知識に基づいて建てられ、ソ連崩壊後のアルメニアの近代的な国際的ブランデー産業を象徴している。

しい名前だという。同社が本社を構えるエレバン郊外の村の名前でもある。1887年に創立された「プロシュヤン・ブランデー会社」という会社があったが、現在のプロシュヤン社はこの会社を直接引き継いでいるわけではない。同社はソヴィエト連邦時代には存在せず、製造設備の一部はこの時代からあったものを引き継いでいるが、現在はイタリアから取り寄せた新しい機械を増やしている。

2012年、ガラスと大理石でできた新しい社屋が昔の製造所の跡地に完成した。プロシュヤン社は非常に近代的な印象の企業で、ヨーロッパの500のスーパーマーケットに自社ブランドの商品を卸し、ロシア、ドイツ、バルト3国、韓国、中国に販路を広げている。

一方、同社の自慢のひとつは伝統的な装飾瓶で、バラや船、剣やドラゴンなど、さまざまなものをかたどった魅力的な瓶が作られている。「記念品」として人気のあるこれらの瓶は、プロシュヤン社の売り上げの少なくとも20パーセントを占めている。

プロシュヤン社の事業の成功とは対照的なのが、ヴェディ＝アルコ社だ。この会社はエレバンから車で数時間離れた田舎の旧ソ連の工場跡にある。ソ連の崩壊後、なんとかして収入を増やしたい労働者のグループが１９９６年に買収した。元の工場は１９５６年に建設されたもので、その施設には今も20世紀なかばのソ連の雰囲気が残っている。この会社は２０００年にこの場所でブランデーの蒸溜を再開し、熟成した蒸溜酒も買い取った。

現在、ヴェディ＝アルコ社は蒸溜塔を使って回分式《かいぶんしき》蒸溜［１回分の原料を蒸溜するごとに蒸溜塔の運転を止める方法］をおこなっているが、昔使っていたような２回蒸溜方式［単式蒸溜器を使用して蒸溜を２回繰り返す方法］も追加したいと望んでいる。しかし最近の先決問題は屋根の修理だ。需要は増え始めたばかりで、ヴェディ＝アルコのブランデーは、今は主としてロシア市場を中心に輸出されている。

アルメニアの文化では、ブランデーは食後の飲み物と考えられている。チョコレートやオレンジやリンゴ、あるいは旬の熟した新鮮な桃と一緒に勧められることもある。西欧の多くの地域と同様に、アルメニアでも伝統的に食後のブランデーには葉巻がつきものだ。スニフ

1956年創立のヴェディ＝アルコ社は、ソ連崩壊後、再建の努力を続けている。労働者自身が所有・経営しているこの会社は、現在はソ連時代の設備を使ってワインとブランデーを生産している。ソ連の全盛時代、アルメニアはソ連への主要なブランデー供給国だった。

彫刻が敷地と階段を飾るヴェディ＝アルコ社の社屋。堂々とした正面入り口にはロシア語とアルメニア語の表示がある。

ターグラス［香りが逃げないように、中央がふくらんで口の部分は小さめのブランデーグラス］でブランデーを出されたら、客は飲みほしたグラスを寝かせて置いても一滴もこぼれないように飲むのがエチケットとされている。それは、もてなす側がちょうどよく飲める量を注いだという合図になるからだ。その量はおよそ50ミリリットルである。

現在、アルメニア産ブランデーは、原料になるワインは以下の13種類のブドウ（主に白ブドウ）のいずれかを使用するよう定められている——アゼテニ、バナンツ、チラール、ガラン・ドゥマク、カヘット、カングン、ラルヴァリ、マシス、メグラブイル、ムスカリ、ルカツィテリ、ヴァン、ヴォスケハット。

ジョージアはワインで有名だが、19世紀末からブランデーも生産してきた。ジョージア生まれのデーヴィッド・サラジシュヴィリによって1884年に生産が始まったブランデーのサラジシュヴィリは、過去130年間つねにジョージアで一番のブランデーでありつづけてきた。ドイツで化学を、そしてコニャック地方で蒸溜技術を学んだのち、父が亡くなったため、サラジシュヴィリは故郷に帰らなければならなかった。彼はコニャック地方で使われているブドウに似た性質を持つブドウを探すためにジョージア原産の500種類ものブドウを調べ、ジョージア各地から何種類かのブドウを選び出した（品種はチヌリ、ゴルリ、ムツヴァネ、カフリ・ムツヴァネ、ルカツィテリ、ツィツカ、ツォリコウリ）。ジョージア

古代ジョージアの飲酒容器。3つの杯がつながったこの容器は、おそらく数千年前から伝わる飲酒の儀式に使われたものだろう。

数千年前に石を彫って作られた装飾のある角型の杯。ジョージアの首都トビリシの国立博物館所蔵。

コニャックと同じ方法でワインを蒸溜して造られるサラジシュヴィリ社のジョージア産「コニャック」は19世紀末から数々のメダルや賞を獲得している。

のブランデーメーカーは、国中からブドウを集めるのが普通である。

また、サラジシュヴィリはフランスからふたつの重要な要素を取り入れた。コニャック地方で使用される銅製の単式蒸溜器と、コニャック地方でもっとも古い家族経営のブランデーメーカー、カミュ社とのつながりである。このつながりは数十年間続いたが、ソ連時代にいったん断絶し、その後、現在のカミュ家の当主の父親の時代に復活した。

サラジシュヴィリはソ連時代に社名をトビリシ・ブランデー会社と変え、その商品はしばしば政府に強制的に買い取られた。しかし同社はなんとか手を尽くして歴史的価値のある数樽の

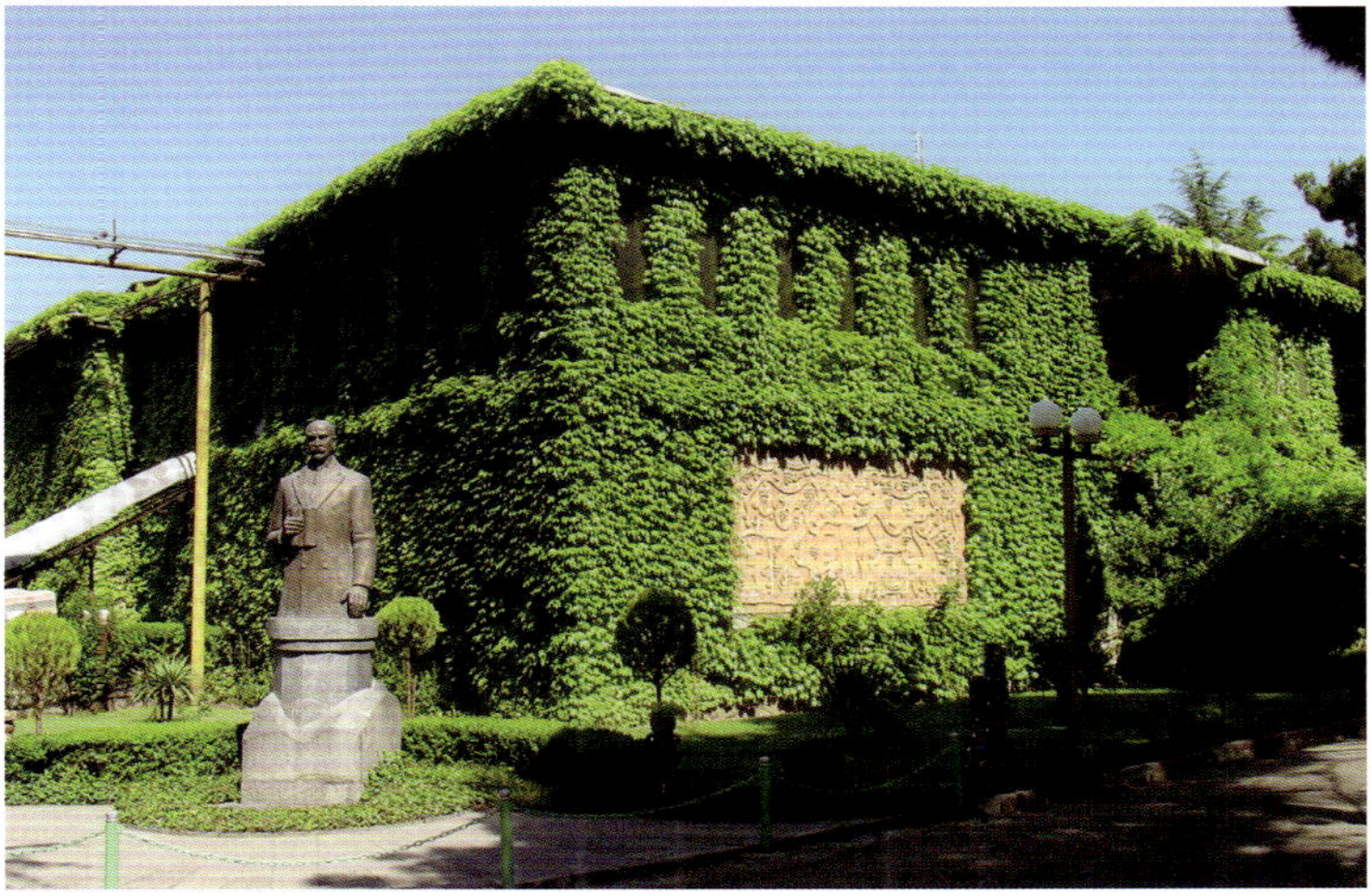

ソ連時代にこの場所で造られていたブランデーは、ソ連の成立前や崩壊後とは品質が異なるかもしれないが、サラジシュヴィリ社はツタの絡まる建物と創業者の像のある広い施設とともに、その名声を守り抜いた。

ブランデーを守り通し、その中でも1893年と1905年にデーヴィッド・サラジシュヴィリがみずから造った何樽かのブランデーは、現在も貯蔵庫に保管されている。これらの歴史的価値ある樽の中身のほんの一部が同社の最高級ブランデーにブレンドされている。

サラジシュヴィリ社は1954年にジョージアの首都トビリシに建設した庭園のように美しい施設に本社を置き、1994年に民営化されて、銅製蒸溜器による2回蒸溜でさまざまな熟成ブランデーを生産し続けている。技術主任のデーヴィッド・アブジャニゼは、同社の社史編纂者として、そして会社の将来を考える人間として、サラジシュヴィリ

サラジシュヴィリ社の「コニャック」は、ロシア皇帝一家に買い上げられた。この広告は、険しい山脈と、頂を制するヤギの絵で、同社のブランドの力を示している。

のブランデーの遺産を受け継いでいる。しかし、彼は他の国々での流行とは一線を画して、自社のブランデーがカクテルに使われることにはあまり関心がない。

アブジャニゼは、前任者から聞かされた（すっかりおなじみの）話を、自分でも繰り返し語るのが好きだ。スターリンがヤルタ会談でサラジシュヴィリ社のブランデーをウィンストン・チャーチルに勧め、チャーチルはその味がコニャックに負けず劣らずすばらしいと感激し、その場で出されたブランデーの中で一番だと称賛したというあの話だ。

今では、特にサラジシュヴィリ社の人気と、一般的なジョージア産ブランデーの評判に後押しされて、ほかにも数社の

カヘティアン・トラディショナル社はできてまもない若い会社だが、伝統を重視する人々の心をつかむことを目指して創業され、社名もトラディショナル（伝統的）であることを強調している。トビリシにある会社には同社のブランデーと賞が展示されている。

ジョージアの会社がブランデーを生産している。それらの会社はジョージア各地のブドウを使用し、瓶詰めした商品をジョージア産ブランデーに馴染みのある国々に売っている。現在はワインのほうが有名だが、ワインメーカーのティフリシ・マラニ社はブランデーを造っている会社のひとつだ。もうひとつはＫＴＷ（カヘティアン・トラディショナル・ワインメーキング）という会社で、会社自体も経営陣も若く、活気にあふれている。この会社は２００１年にできたばかりで、東欧とバルト３国向けの中程度の価格のワインとブランデーを生産して、すでに大成功している。ＫＴＷは古風なデザインの容器を使用し、隙間市場を開拓した。また、同社の商品の多くは、ガラス瓶にしろ陶器瓶にしろ、大量生産品ではない自家製ブランデーのような雰囲気を持っている。

ジョージア産やアルメニア産のブランデーのほとんどは、まだアメリカやイギリスでは販売されていないが、それらが店の棚に並ぶのはおそらく時間の問題だろう。しかし、ブランデー人気が高いアジア市場に先を越される可能性は十分にある。

第6章◉スペインとラテンアメリカのブランデー

◉スペインのブランデー

ブランデーは普通フランスの飲み物だと考えられているが、スペインとラテンアメリカの文化には何世紀も前からブランデーを愛好する根強い伝統がある。この章ではイベリア半島のブランデーとその歴史、そしてペルーが果たした重要な役割を見てみよう。

スペインはブランデー・デ・ヘレスを生んだ国だ。これは由緒ある旧世界のブランデーで、本来ならもっと世に知られていてもおかしくない名酒である。ブランデー・デ・ヘレスはスペインの都市ヘレス・デ・ラ・フロンテラとその周辺の地域で生産される。この地域はシェリーと呼ばれる有名なワインが造られる土地でもある。ヘレスという町はスペインの大西洋

スペインのブランデー・デ・ヘレスはオーク樽で熟成され、オークから溶け出した色で、透明な液体が黄色から金色、琥珀色、そして赤褐色まで変化する。

岸南部にあり、ジブラルタル海峡に近い。

　ブランデー・デ・ヘレスの独特な味わいは、この地域の地理的条件だけでなく、そこで造られるブランデーの特別な熟成方法にも理由がある。ブランデー・デ・ヘレスとシェリーは両方とも、同じソレラ・システム（後述）という方法で熟成される。この方法が独特の風味をもたらし、オークの成木《せいぼく》とイーストの香りを引き立てる、かすかな潮の香りやヴァニラ、焦《こ》がしキャラメル、キャロブ［マメ科の植物。チョコレートに似た香りを持つ］やコーヒーの香りといっ

た芳香をブランデーに与える。
スペインのこの地域では、フェニキア人が紀元前700～500年頃からこの付近の海を航海し始めて以来、ワインなどの産物が取り引きされていた。ワインはローマ帝国時代、そしてローマ帝国の崩壊後も輸出されたが、711年にイベリア半島がムーア人［北西アフリカ出身のムスリム］に征服されてから、ムスリムによる支配が終了する1492年まで、ワインの輸出は途絶えた。ムーア人はイスラム教の戒律にしたがって伝統的に飲酒をしなかったが、征服した土地に存在したブドウ畑のブドウを利用してアルコールの蒸溜液を造り、それを薬や化粧品、香水などの原料として利用した。

ムスリムがキリスト教徒によってイベリア半島南部まで撃退され、ついには半島から追われたあとも、彼らの蒸溜技術は受け継がれた。各地の医学や錬金術の専門家は蒸溜技術を利用して、独自の「生命の水」や「霊水」を造り出した。実際、「アグアルディエンテ aguardiente」——中世の「アクア・アルデンス（燃える水）aqua ardens」に由来する——という単語は、現在もブランデーを表す一般的なスペイン語として使われている。

ヘレス周辺では、1580年の酒税に関する文書に初めてブランデーが登場するが、ブランデーはこの地域でもっと早くから生産されていたと考えられる。フランスと同様に、スペインのこの地域で16世紀末に始まったブランデー生産から利益を得たのはオランダ人だった。現在も蒸溜器から出て来たばかりで熟成前の無色なブランデーはホランダ（holandas）［スペイン語でオランダの意味］と呼ばれる。ヘレス・ド・ラ・フロンテラの道路や歩道、そしてテラスのあちこちに、丸みを帯びた小さな石が一列に埋め込まれているのが見られる。これらの石はヘレス地域の蒸溜酒を積み込むための船のバラスト［船の安定のために船底に積む重し］に使われていたものだ。

18世紀には、スペインのブランデーは熟成しないで出荷された。実際にブドウ栽培者組合の規則で、熟成前のブランデー（ホランダ）は毎年出荷されなければならないと決められていたのである。そうすることでブドウ栽培者も蒸溜業者も次の収穫期までに貯蔵庫を空にし、商品の代金をすみやかに受け取ることができた。

言い伝えによれば、19世紀前半、使い古したシェリー樽に入れられたスペイン産ブランデーが船積みされるのを待っていた。しかし船はそれらの樽を積み込まずに出港してしまい、樽は時間がたってから発見された。ところが生産者がこのブランデーを味見してみると、ブランデーは樽の中ですばらしい味わいに変わっていた。樽熟成のブランデー・デ・ヘレスはこうして誕生したという。これは1818年の出来事で、現在、このブランデー生産者はペドロ・ドメックの名で知られる有名なブランデーメーカーになっている。

ヘレス地域のブランデー生産と交易は19世紀に着実に増加した。最初、この地域のブランデーは地元で栽培されるパロミノ種のブドウ（シェリーにも使われる）で造られていたが、19世紀末にブランデー・ブームが起きると、ブランデーメーカーは原料となるブドウをもっと離れた土地から集めなくてはならなくなった。おあつらえ向きの性質を持つブドウとして選ばれたのが、スペイン中央部のカスティーリャ・ラ・マンチャ州で育つアイレン種のブドウである。

ブランデー・デ・ヘレスに使われるブドウの大半は、現在でもカスティーリャ・ラ・マンチャ州で栽培されている。カスティーリャ・ラ・マンチャ州の都市トメジョーソではこのブドウを原料にしたワインが造られ、この町には多数のブランデーメーカーが蒸溜所を所有している。しかし、ブランデーのブレンドと熟成はつねにヘレス地域、厳密にはヘレス・デ・ラ・フロンテラ、エル・プエルト・デ・サンタ・マリア、そしてサンルカル・デ・バラメダの3都市、いわゆる「シェリー・トライアングル」と呼ばれる特定の場所でのみおこなわれる。今でもヘレスで蒸溜されているブランデーもある。

ブランデー・デ・ヘレスの生産には、単式蒸溜器と連続式蒸溜器の両方が使われる。ヘレス地域で使用される単式蒸溜器はアルキタラと呼ばれ、薪を焚いて直火で加熱される。連続式蒸溜器を用いると単式蒸溜器を使った場合よりもアルコール度数の高い蒸溜酒ができるが、どちらの蒸溜器を使っても、完成した蒸溜酒はホランダ・デ・ヴィノ［ワインのホランダ］と称される。

ヘレスの樽熟成庫（スペイン語でボデガと呼ばれる）や会社は、たいてい2～3階建ての日干しレンガ造りの建物が漆喰で白く塗られ、屋根はオレンジ色の素焼きタイルでふかれている。19世紀にヘレスの町の中心地に建っていた邸宅のミニチュアのような設計が多く、壁に囲まれた敷地に多数の建物が立ち並び、ブーゲンビリアの濃い赤い花が彩《いろど》りを添えている。一年中風通しがよく過ごしやすい気候に恵まれて、それぞれの会社の敷地には丸石を敷いた茶色い小道でつながった数棟の白い建物があり、その間に庭園や広場があることもめずらしくない。

スペインのヘレス地域の典型的な熟成貯蔵庫

ブランデー・デ・ヘレスの樽（シェリーの熟成に使われたもの）はアメリカンオークで作られる。これはヘレス地域が大西洋の交易地として繁栄し始めたときからの習慣だ。甘口から辛口まで、さまざまなタイプのシェリーの熟成に使われた樽が、ブランデーの芳香や風味を調整するために選ばれる。

ブランデー・デ・ヘレスは必ずソレラ・システムという方法で生産される。言い伝えによれば、この方法もまた、もうひとつの幸運な偶然の賜物だという。１８７０年、所有者のわからない大量のブランデーの樽がある貯蔵庫に放置された。１８７４年にその樽を誰かが見つけたが、樽の中のかなり古いブランデーをすぐに全部売ることは不可能だった。そこで彼らは古いブランデーと新しいブランデーを混ぜることにした。自然な蒸発で樽内のブランデーが減った分を補充するために、新しいブランデーを古いブランデーの樽に注ぎ込んだのである。このやり方は非常にうまくいき、熟成した蒸溜酒に複雑さと繊細さを加えることができたので、それ以来ソレラ・システムが用いられるようになった。

ソレラ・システムでは、天井の高い貯蔵庫にブランデーの樽が熟成年数の順に積み重ねられている。一番上の段は一番若いブランデー、その下の段にはそれより古いブランデーというように、下へ行くほど熟成期間の長いブランデーの樽が置かれる（床に置かれた一番下の段をソレラ・レベルという）。一番下の樽から熟成したブランデーが取り出されて瓶詰めされると、同じ量のブランデーがすぐ上の樽から補充され、さらにその樽はまたその上の樽から補充される。ソレラの上の段はクリアデラと呼ばれる。ソレラ・システムにおいて、クリアデラは若いブランデーが育つ「保育室」のようなものだ。一般的に、熟成貯蔵庫には3段から4段の熟成樽が積まれていて、一番上の樽から天井まではたっぷり空間がとってある。

空気が乾燥して暑い夏には、屋内の湿度を保ち、樽からの蒸発を抑制するために、熟成貯蔵庫の赤茶色の土の床に水が撒かれる。樽からのブランデーの蒸発率はときには年間7パーセントにも達するため、熟成貯蔵庫の中には温度と湿度を管理するシステムを取り入れ始めているところもある。そのようなシステムはブランデーメーカーの収益を向上させるかもしれないが、熟成貯蔵庫の中を吹きぬける自然の微風をさえぎってしまった場合、はたしてその土地ならではの独特な芳香や風味が保てるかどうかはまだわからない。

ヘレスでは、一流のシェリーを造る会社は、たいてい最高品質のブランデーも生産する。しかし、もっとも売れるブランデーとなると話が別だ。もっとも売れ行きのよいブランデーと言えば、ボデガ・テリー社のセンテナリオというブランデーである。この会社は19世紀なかばにアイルランド人一家によって創立された。彼らは20世紀初めにエル・プエルト・デ・サンタ・マリア近郊に新しい施設を建て、自社ブランデーを「センテナリオ」［スペイン語で「100歳の」という意味］と命名した。

ヘレス地域で生産されるもうひとつの有名なブランデーは、1887年からサンチェス・ロマテ社が生産しているあまりにもよく知られたカルデナル・メンドーザだ。このブランデーは最初、同社のオーナーが個人的に飲むために造ったものだが、まもなく商品化され、今では世界中で知られている。

ボデガ［熟成貯蔵庫のほかに、ワインやブランデーを生産する企業を意味する場合もある］の中には熟成用の蒸溜酒を買うところもあるが、自社で蒸溜する施設を持っているところもある。150年の歴史を誇るゴンザレス・ビアス社や、18世紀創立のペドロ・ドメック社（現在はボデガ・フンダドール社の傘下にある）は蒸溜から手がけている。ときにはボデガ・ト

世界的に有名なスペイン産のブランデーにカルデナル・メンドーザがある。写真はスペインのヘレス地域にあるサンチェス・ロマテ社で、瓶詰め前に樽の中で熟成中のカルデナル・メンドーザ。

ラディシオン社（1998年創立）のような新しい会社が参入してくる場合もある。この会社はさまざまなところから既成のブランデーを購入し、それをさらに熟成、ブレンドして、瓶詰めしたものを自社のラベルで販売している。

　ブランデーはヘレス地域で数世紀前から生産されているが、ブランデー・デ・ヘレス統制委員会は1987年にようやく設立された。この委員会は「揮発性成分」の量の多さと熟成年数の区分によって、ブランデー・デ・ヘレスを次の3つに分類している。ブランデー・デ・ヘレス・ソレラは平均熟成期間が1年半、ブランデー・デ・ヘレス・ソレラ・レゼルヴァは平均熟成期間が3年、そしてブランデー・デ・ヘレス・ソレラ・グラン・レゼルヴァは平均熟成期間が10年のブランデーだ。
19世紀末にブランデー・ブームが到来して以来、スペインの他の地域でも少量のブランデーが生産されている。スペイン北東部のカタルーニャ州では、昔からブランデーは山の厳しい気候に耐えて生き延びるために必要なカロリー源だった。朝、仕事に出かける途中で喫茶店に寄り、ブランデーを加えたコーヒーを飲んで元気を出す習慣が20世紀終わりまであったし、今でもその習慣を続けている人もいる。

カタルーニャのブランデーメーカーのひとつに、第二次世界大戦の終わり頃に創立されたマスカロがある。歴史的には、スペインの植民地にはラム酒の蒸溜をしているカタルーニャ人がたくさんいて、彼らは商品を母国スペインに輸出していた。しかしスペイン内戦［1936〜39年］中とそれに続く第二次世界大戦時中に交易が断たれ、スペインは蒸溜酒の輸入を停止した。そのためカタルーニャの人々は国内で手に入る原料、すなわちワインを使って、自分たちで蒸溜酒を造らなくてはならなくなった。

フランスとの国境に近いため、ナルシソ・マスカロ（ワイン商人兼蒸溜業者の息子）をはじめとするカタルーニャ人は、シャラント式、またはコニャック方式と呼ばれる2回蒸溜を採用した。この地域ではスペインのスパークリングワインであるカヴァも生産され、カヴァの原料となるブドウがブランデー造りにも利用される。パレリャーダ種のブドウは強い酸味と繊細な香りが特徴で、多数のカタルーニャ産ブランデーのベースに使われる。ほかにマカベオ種とチャレッロ種も使われる。

スペインと同じくイベリア半島の一部を占めるポルトガルでは、特にロウリニャでブランデーが造られている。ブランデー生産の長い歴史を持つこの地域は、20年前にDOC（保証付き原産地統制呼称）に認定されたばかりだが、18世紀から始まるブランデー蒸溜の歴史を持っている。ロウリニャはリスボンの北のワイン生産地に位置しており、そこで造られるブランデーは伝統的なポルトガル語でアグアルデンテと呼ばれる。

◉ラテンアメリカのブランデー

大西洋の向こうでは、スペイン植民地のひとつだったメキシコで、かつての本国にならってブランデー生産が始まった。メキシコのブランデーもソレラ・システムによって生産されるが、一般的に言ってメキシコ産ブランデーはスペイン産ほど品質が高いとは考えられてこなかった。21世紀になるまで、メキシコで栽培されるワイン用ブドウはすべてブランデー蒸溜のために使われていた。もっとも有名なメキシコ産ブランデーはプレジデンテで、スペインのヘレス・デ・ラ・フロンテラに本社を置くペドロ・ドメック社がメキシコで生産し、世界の数多くの国々に輸出もしている。

フンダドールは100年以上前に誕生した。当時はこのように紙に包まれた瓶に入れて売られ、包み紙にはこのブランデーが熟成された町、スペインのヘレス・デ・ラ・フロンテラの名前が記されていた。

やはりスペインの植民地だったフィリピンは、19世紀初めまでスペイン政府ではなくメキシコに置かれた植民地政府によって統治されていたため、フィリピン文化にはメキシコの影響が見られる。スペインとメキシコのブランデーは今もフィリピンで売られており、フィリピンではスペインのブランデー、フンダドールがよく飲まれている。フィリピン産のブランドでは、エンペラドールやジェネローゾが最大手である。

一方、16世紀にさかのぼると、南アメリカ、特にペルーでは、ヨーロッパと並行してブランデー造りが発達した。ペルーはピスコと呼ばれるブランデーの産地だ。あまり理解されていないが、ピスコはブランデーである。ピスコは無色の蒸溜酒で、蒸溜後に水を加えない点が他のブランデーと異なっている。言い換えると、ピスコは蒸溜を終えた時点で望ましいアルコール度数の38～43度になっていなければならない。ブランデー・デ・ヘレスやコニャックなどの他のブランデーの場合は、たいてい蒸溜後のアルコール度数はもっと高く、瓶詰め前の数か月間に水が少しずつ加えられる。

ピスコは17世紀初めにはすでにペルー南部の海岸地域で生産が始まっていた。この土地には16世紀なかばからブドウが栽培されていたのである。名前はこのブランデーのほとんどが船積みされる港町、ピスコにちなんでつけられた。ワインはスペイン人の信仰と文化の一部になっていたので、スペイン人の探検家や入植者はカナリア諸島やスペインからブドウの苗を買い、ペルーの南海岸地域に植えた。この地域はブドウがよくできる土地で、まもなくペルーからスペインへのワインの輸出が始まった。しかしスペインのワイン生産者は植民地からの輸入品と競争することに強く反発し、1641年にペルー産ワインの輸入を禁止する法律が施行された。そこでペルーのワイン生産者はワインを蒸溜してブランデー（アグアルディエンテ・デ・ヴィノ）を造り、それをスペインに輸出したところ、ペルー産ブランデーは大歓迎された。

最初、ペルー産ブランデーは2種類の蒸溜器のどちらで蒸溜してもかまわなかった。ファルカと呼ばれる蒸溜器は、初期のムスリムが使用した蒸溜器や中世の蒸溜器に形が似ていて、原液を加熱するための単純な容器と、蒸気を凝縮するための長い管からできている。ペルーで使われるもう1種類の蒸溜器はペルー式のアランビックであり、ファルカより洗練された作りで、ヨーロッパのアランビックと同様に長いらせん形の銅管がついている。蒸溜の工程の最後にヘッドとテールは廃棄され、ピスコの蒸気の純粋なハート［熟成に使われる液体］だけが残って、冷却されて出荷のために素焼きのボティハと呼ばれる壺に入れられる。

ピスコは17～18世紀にはサンフランシスコ周辺に輸出されていたが、ピスコの需要が急激に高まったのは、19世紀なかばにゴールドラッシュで多くの開拓者がカリフォルニアに押し寄せたときだった。以降、ピスコの評判は高まる一方となり、1900年代のサンフランシスコはピスコ・ブームのまっただ中にあった。人々は飽きることなくピスコを飲んだ。サンフランシスコで考案されたと言われるピスコ・パンチという飲み方も流行った。当時の新聞には、ピスコにレモン、砂糖、パイナップルを加えたピスコ・パンチはカリフォルニアからネバダ州まで広まったと書かれている。

20世紀初めは西部でピスコやピスコ・パンチが大人気だったが、禁酒法［アメリカ国内での酒類の製造、販売、輸送を禁じる法律。1919年成立］によってアメリカのピスコ市場は実質的に消滅した。その後、ピスコは悪名高い粗悪な安い蒸溜酒に成り下がってしまった。カリフォルニアを舞台にした昔の西部劇に描かれる酒場で出されるような安酒である。

しかしピスコの命運はこれで尽きたわけではなかった。実際、2000年を迎える頃、ピスコは復活のきっかけをつかんだ。ペルーへの旅行者が昔ながらのピスコのよさを再発見し、品質のよいピスコがふたたび売れ始めた。ピスコは何世紀も前から生産されてきたが、ペルーの生産者たちが独自の原産地呼称制度を作り、生産地、ブドウの種類と品質、そして蒸溜法と蒸溜酒の熟成に関する規則をようやく定めたのは1999年になってからだった。

21世紀に入って10年もたたないうちに、特に最近のミクソロジー［果物や野菜などの素材を使った新しいカクテル］の流行に乗って、ピスコの人気は一段と高まった。現在、ピスコにはピスコ・プーロ（一種類だけのブドウから造られる）と、数種類のブドウを合わせて造るピスコ・アチョラードがあり、ピスコ・アチョラードにはたいてい、香りのよいブドウと香りのないブドウの両方が使用される。

ピスコは醱酵が完了したワインと、醱酵が途中までしか進んでいない（糖分がいくらか残った）ワインのどちらからでも造られ、このふたつをブレンドしたものから造られる場合もある。ピスコの原料となるブドウには8種類ある。香りのよいブドウの種類はイタリア、トロンテル、モスカテル、アルビージャで、香りのないピスコ（こちらのほうが一般的）はケブランタ、モリャヤール、ネグラ・クリオージャ、そしてウヴィーナから造られる。その中でもペルーのピスコにはケブランタが断然多く使われる。

何世紀もの間、ピスコと言えばペルーだったが、今日では他の国でもこの蒸溜酒が造られている。チリは世界のピスコ市場の競争に参入した。チリでは昔からピスコ風のブランデーが造られていたが、ほんの10年ほど前まで、質のよいピスコをペルーから買い求めるのが普通だった。しかし今はもうそんなことはない。

しかし、チリ産のピスコは芳香や風味の点でペルー産とはかなり違って、チリ産のほうがまろやかで芳香が強い傾向がある。現在、チリではいくつかの会社が香りのよいマスカット種のブドウを使い、コニャック方式の蒸溜器で2回蒸溜をおこなって、非常に質のよいピスコを生産している。特に有名なのはカッパ（ワイン生産で知られるグラン・マルニエ社の創立者マルニエ＝ラポストールの一族が創立）とＡＢＡだ。これらの会社は高品質のブドウを使用しており、それが製品にも反映している。

ピスコ産業ではいまだにペルーが優勢だが、チリでは１９３６年から実際にピスコという地名が誕生した。ブドウの栽培地域であるエルキ地方にある町が、「ピスコ・エルキ」と改名したのである。そしてチリの生産者は、コニャック生産のもうひとつの要素である樽熟成を取り入れるために工夫を重ねている。

その他の中南米の国々でも、ところどころで上質なブランデーが生産されている。たとえばアルゼンチンでは、コニャック生産者から助言を受けてラメフォール・コニャック社が創立され、コニャック方式でブランデーを生産している。ボリビアはシンガニという特別なブランデーを生産している。このブランデーは主として標高の高い地域で栽培されるマスカットを使用して造られる独特な蒸溜酒である。

スペインから伝わった中南米のブランデー造りをひととおり眺めた。ブランデー・デ・ヘレスを飲むのか、あるいはピスコ・サワー［ピスコに卵白、ライム果汁、ガムシロップを加えて作るカクテル］を飲むのかは、読者のみなさんにおまかせしよう。しかし、世界をめぐるブランデーの旅はまだ終わりではない。

第7章◉

オーストラリアと南アフリカのブランデー

◉オーストラリアのブランデー

イギリス以外の大英帝国で暮らす人々は、ブランデーを飲む習慣を本国から持ち込んだのか、現地で発達させたのかはともかく、筋金入りのブランデー好きだった。そしてすでに述べたとおり、ブランデーは薬として常備しておくべき家庭の必需品とも考えられていて、それは20世紀に入ってもかなり長い間変わらなかった。

ヨーロッパから遠く離れたイギリス連邦諸国、特に南アフリカとオーストラリアは、国内での消費のために国産ブランデーを造った。オーストラリアでは、たとえば1世紀以上の歴史を持つ伝統あるブランドとしてシャトー・タヌンダがある。このブランデーは、サウス・

オーストラリアのシャトー・タヌンダは19世紀の終わりからワインとブランデーを造っている。シャトー・タヌンダのブランデーは今でもとても人気のあるブランドだ。

オーストラリア州のバロッサ・ヴァレーという、この国で初めてブドウが栽培された地域のひとつで生産される。シャトー・タヌンダはこの土地でブドウ栽培が始まってから数十年後の1890年に創立され、農園の広大さと会社の販売担当者の腕前によって「イギリス連邦の病院用ブランデー」として知られるようになった。ブランデーはどんな体の不調にも効くと固く信じられていた。実際、有名なクリケットの打者フランク・アイルデールは「ブランデーのソーダ割りで不調から回復した」とパース・デイリー・ニュース紙は1896年に報じている。

19世紀なかばにオーストラリアのバロッサ・ヴァレーで栽培されていたブドウは、ワインとブランデーの両方に使われた。濃厚な甘さの酒精強化ワイン［アルコールを添加してアルコール度数を高めたワイン」、シェリー風ワイン、そして強いブランデーは当時からオーストラリアでは非常に人気があった。残念ながら、現在のオーストラリアの人々のブランデーに対する見方は過去の記憶にとらわれているようだ。今ではブランデーに興味を示す若者はほとんどいない。ブランデーは悪くない飲み物だと考えられているものの、その飲まれ方は妙に偏っている。オーストラリアのブランデー生産者によれば、ブランデーを飲むのは主として40歳以上の女性だという。

アンゴーヴ家は1855年からオーストラリアでワインを生産してきたが、1910年にはブランデー専用のブドウ栽培を開始した。1925年、カール・アンゴーヴはそのブドウ園に最初の産業目的の蒸溜所を開設する。彼はフランスやスペインのブランデー産業をモデルに、癖のない、しかし十分な酸味を持ったブドウを選んだ（フランスのコロンバールやスペインのパロミノに加えて、食用ブドウのサルタナも使用した）。アンゴーヴのブランデーは、それまでたいていのオーストラリア人がなじんでいたこってりした甘口のワインや蒸溜酒とはかけ離れていた。コニャック風のすっきりしたブランデーだと高く評価され、それは今も変わらない。

アンゴーヴのセント・アグネスというブランドは地元サウス・オーストラリア州の市場の70パーセント、オーストラリア全体のブランデー市場の40パーセントを占めている。そして

アンゴーヴ・ファミリー・ワインメーカーズは1925年に、オーストラリアの有名なブランデー、セント・アグネスの生産を開始した。

伝えられるところによれば、オーストラリアでは今もシャラント式蒸溜器を使って2回蒸溜でブランデーを造っている会社はアンゴーヴだけだという。

アンゴーヴとシャトー・タヌンダのほかにオーストラリアでよく知られたブランデーと言えば、ハーディーズ・ブラックボトルと、小売業者のウールワースが販売するフランス産のナポレオン1875というブランドがある。また、フランス産コニャックのレミーマルタンも人気がある。オーストラリア産ブランデーの消費量は横ばいの状態が長く続き、またブランデー・カクテルが流行する兆しもなかったが、最近では新たな動きが生じている。中国だ。ヨーロッパのブラ

時とともに進化を続けるセント・アグネスは、世界市場にその品質を示すために、瓶とラベルを一新した。

ンデーに魅了されて、中国人は高級ブランデーに対する需要を満たすためにヨーロッパ産以外のブランデーにも興味を示している。中国人は、たとえばアンゴーヴ社のＸＯ［熟成期間の長いブランデー］にがぜん注目し始めた。これが新しい流行のきっかけになるかもしれない。

40歳以上の女性が主な消費者であるオーストラリアとは対照的に、インドではブランデー消費者の中心は男性が占めている。彼らが飲む高級蒸溜酒はたいていコニャック地方から輸入されているが、中級から下級の価格帯の蒸溜酒はインド国内で生産されているものが多い。国内で栽培される食用ブドウやワイン用ブドウの量が足りないため、インドのブランデーメーカーはサトウキビから砂糖を精製したあとに残る副産物［モラセスまたは廃糖蜜《はいとうみつ》と呼ばれる］から蒸溜酒を造る。したがって厳密に言えばこの蒸溜酒はすべてラム酒であり、ブランデーやウイスキーではない。しかしこの蒸溜酒は着色され、ときには熟成や風味づけがおこなわれ、ブランデーまたはウイスキーと表示されて市場に出回り、大衆もそれを当たり前に受け止めている。ブランデー消費量が多い他のアジアの国々（フィリピンなど）でも、この手の「ブランデーもどき」がインドと同じように国内でラム酒の製法によって生産されているようだ。

◉南アフリカのブランデー

インドとは対照的に、イギリス連邦に所属するもうひとつの国である南アフリカでは、１６５２年にオランダ人が入植してオランダ植民地となった歴史があることからコニャック風のブランデーを好む傾向が強い。初期の入植者は、１６５９年にはすでに南アフリカでブドウを栽培していた。南アフリカのブランデー生産についてよく語られているのは、オランダ船ド・ペイル号が１６７２年５月19日に南アフリカ沿岸に停泊中にブランデーを蒸溜したのが始まりだという説だ。すでに述べたとおり、オランダ人は17世紀にフランスのいくつかの地域でワインを蒸溜してブランデーを造っていた。彼らはブランデー生産に関する知識も設備も備えており、あとは適当なブドウさえあればよかったのである。

蒸溜に適した白ブドウが豊富にあったため、南アフリカのブランデー産業はワイン産業と並行して発達した。この国ではブランデーは主にシュナン・ブランとコロンバール（フランスではColombardと表記されるが、南アフリカでは最後のdを省いてColombarと書くことが多い）という品種のブドウから造られる。

数世紀の間、南アフリカ産のブランデーは実質的にすべて国内消費にまわされた。初期の有名な企業に、１８４５年に設立されたヴァン・リンがある。FCコリソン社（１８３３

南アフリカでは、ブランデーの生産はつねに伝統的な製法に沿っておこなわれてきた。写真はヴァン・リン社の銅製単式蒸溜器。

年創業）を買収して以来、ヴァン・リン社は南アフリカでブランデー生産を続ける最古の会社であることを誇りにしている。ヴァン・リン社はコニャック方式で蒸溜をおこない、蒸溜所の中に樽を作る作業場さえ設けている。

南アフリカ最大のブランデーメーカーは１９１８年に設立されたＫＷＶ（南アフリカワイン醸造業者協同組合）である。１９２３年にワインの生産を目的とした協同組合として発足し、１９２６年にブランデー生産に着手した。その歴史の中で、この会社は民営と公営の間を行ったり来たりしている。１９７７年まで南アフリカのワイン産業の統制機関だったため、ＫＷＶは国内市場への参入が認められず、瓶詰めしたブランデーを国外へ輸出していた。しかし、大量のブランデーを他社に売り、他社がそれを熟成させて瓶詰めすることはあった。現在、ＫＷＶは民営企業になり、輸出と国内販売の両方を手がけて、南アフリカのブランデーとワイン市場で重要な地位を占め続けている。

もうひとつの重要な会社であるクリップドリフトは、１９３８年に裏庭に作った小さな蒸溜所から始まって、またたく間に南アフリカでもっともよく知られたブランデーを生産するようになった。しかし残念なことに、クリップドリフトは南アフリカのブランデーを品質の点でもイメージの点でも低下させた元凶のひとつでもある。20世紀なかばには、南アフリカ産のブランデーの大半がアメリカの安価なラム酒と同じような商品になってしまった。アメリカのラム・コーク［ラム酒にコーラとライム果汁を混ぜたカクテル］のように、「クリッピーズ・アンド・コーラ」［クリッピーズはクリップドリフトのこと］と言えば安くて低級な飲み物の象徴だ。そして「1―2―3」という言葉もある（3―2―1とも呼ばれる）。これは安っぽい夜遊びに必要なものを指す言い方で、1リットルのブランデー、2リットルのコーラ、そしてフォードの3リッター車を意味している。

しかしここ数年は変化が感じられるようになった。アメリカのラム酒のブランドがラム・コークのイメージからの脱却に努めているように、南アフリカも、国産の蒸溜酒が蒸溜酒産業の中でもっと高く評価される価値があることを証明し始めた。そして熟成した高品質のブランデーを国内および輸出市場に大量に投入している。

南アフリカ・ブランデー協会は1984年に設立された。この協会によって、ブランデーは生産方法による4つのカテゴリーに分類されている。第1のレベルはブレンデッド・ブランデーで、カクテルなどの混合酒に使うために造られる。単式蒸溜器で蒸溜され、オーク樽で少なくとも3年熟成されたブランデーを最低30パーセント含んでいることが条件で、残りは熟成されていない無色の蒸溜酒でよい。第2のレベルはヴィンテージ・ブランデーで、単式蒸溜器で蒸溜したブランデーを最低30パーセント含むことに加え、連続式蒸溜器で蒸溜して少なくとも8年熟成した蒸溜酒（最大60パーセント）、そしてワインから造った蒸溜酒（未熟成。最大10パーセント）を含む。第3のレベルはポットスチル・ブランデーで、単式蒸溜器（ポットスチル）で蒸溜したブランデーを最低90パーセント含む必要があり、残りは熟成していない無色の蒸溜酒を最大10パーセントまで使用することが認められている。第4のカテゴリーはエステート・ブランデーと呼ばれ、完全にひとつの農園（エステート）だけで生産から熟成、瓶詰めまでされたブランデーでなければならない。このブランデーはつねにラベルにブランデーのタイプとともに「エステート」の表示がある。

ラベルにはVSやVSOPなどの文字が書かれている場合があるが、これらはコニャック地方と同じ熟成期間を示すものではない。南アフリカのブランデーは340リットルのフレンチオーク樽で最低3年間熟成する決まりがあり、ソレラ・システムによる熟成も認められている。指定されたブランデー生産地は特にないが、南アフリカのブランデーにはたいてい、ウスター、オリファンツ・リバー、オレンジ・リバー、ブリード・リバー、クレインカルーなどの主要なワイン用ブドウ栽培地域で収穫されるブドウが使われている。

ブランデーはあいかわらず南アフリカでもっともよく売れる蒸溜酒であり、2008年からはファイン・ブランデー・フュージョンという祭典が毎年開かれている。この祭典は主に若い消費者の関心を引き、ブランデーを高級で魅力的な飲み物として位置づける目的で開催するものだ。興味深いことに、南アフリカ・ブランデー協会のウェブサイトでは、このような詩的な表現で蒸溜酒の起源を振り返っている。「ブランデー造りは錬金術に似ている。自然の要素——土、風、水、そして火——が黄金に姿を変えるのである」

第8章◉アメリカのブランデー

アメリカでは伝統的にブランデーは家庭の必需品と考えられ、飲み物から薬まで、さまざまな用途に使われた。実際、ブランデーは20世紀初めまで薬に分類されていた。東部ではコニャックなどのフランス産ブランデーが輸入されていたが、西部ではペルー産のピスコを除けばブランデーが市場に出回ることはほとんどなかった。

19世紀後半に西部で人口が急増すると、ブランデーに対する新たな需要が高まった。1880年代にはふたつの由緒あるブランデーメーカーがアメリカで生産を開始した。クリスチャン・ブラザーズが1882年、コーベルが1889年である。フランシス・コーベルはボヘミア［現在のチェコ］出身の移民で、カリフォルニアの無限の可能性に引かれてゴールドラッシュ後に兄弟とともに移住してきた。そしてサンフランシスコの北に土地を見つけ

This photograph shows an early Korbel calling card. Taken near the turn of the century, we can see the winery employees posing for this group shot in front of the old Brandy Tower. It's interesting to note that the Brandy Tower does not have the steel reinforcing rings which were added after the San Francisco earthquake and fire of 1906.

北カリフォルニアのコーベル社の製造所が写ったこの写真を見ると、同社が1906年にはサンフランシスコにしっかり根を下ろしていたことがわかる。

て、スパークリングワインを造り始める。ワインの生産と販売が軌道に乗ると、コーベルはブランデー生産にも着手した。

コーベルよりも数年前に、ある一般信徒の修道会が教育事業の財源にするためにブランデーの製造・販売を始めた。コーベルはその修道会の成功に刺激を受けたのかもしれないが、確かなことはわからない。クリスチャン・ブラザーズというこの修道会（そしてのちにカリフォルニアのブランデー産業に参入した多数の会社）は、カリフォルニアの果物と野菜の大半が栽培される内陸の渓谷を本拠地にして、ワインの生産と蒸溜をおこなった。この地域では新興のブランデーメーカーが大量の安価なブドウを手に入れることが可能で、多くの会社は普通の食用ブドウのトンプソン・シードレスやフレーム・トーケーを使ってワイン造りを開始した。のちにこの地域で多くのワイン用ブドウが栽培されるようになり、その一部がブランデーにも使われた。

ブランデー生産者はたいてい、コニャックの真似をして原料のブドウを選ぼうとした。すばらしいブランデーを造るには、よいワイン、にならないブドウを使う必要があると信じていたのである。これはある程度までは本当だ。特に蒸溜後も残るフローラルな芳香のあるブドウにはそれが当てはまる。この種のブドウは酸味が強く糖度が低い状態で早めに収穫できるため、安く買い取ることができる。ブドウの木に実っている時間が短ければ、ブドウ畑の手入れにかける時間と費用をそれだけ少なくできるからだ。

カリフォルニアで商業的なブランデー生産が始まってから数十年後の1920年、禁酒法の施行によってワインの生産は停止した。ただし薬効があると考えられていたコニャックだけは輸入が認められた。ブランデーは禁酒法が施行される数年前にアメリカで薬として分類されなくなっていたが、多くの医者はあいかわらず患者にブランデーを処方し続け、家庭でも——現在のバンドエイドと同じように——常備薬のひとつと考えられていた。禁酒法時代にアメリカでどれくらいブランデーが造られていたかを示す包括的な記録はないが、当時

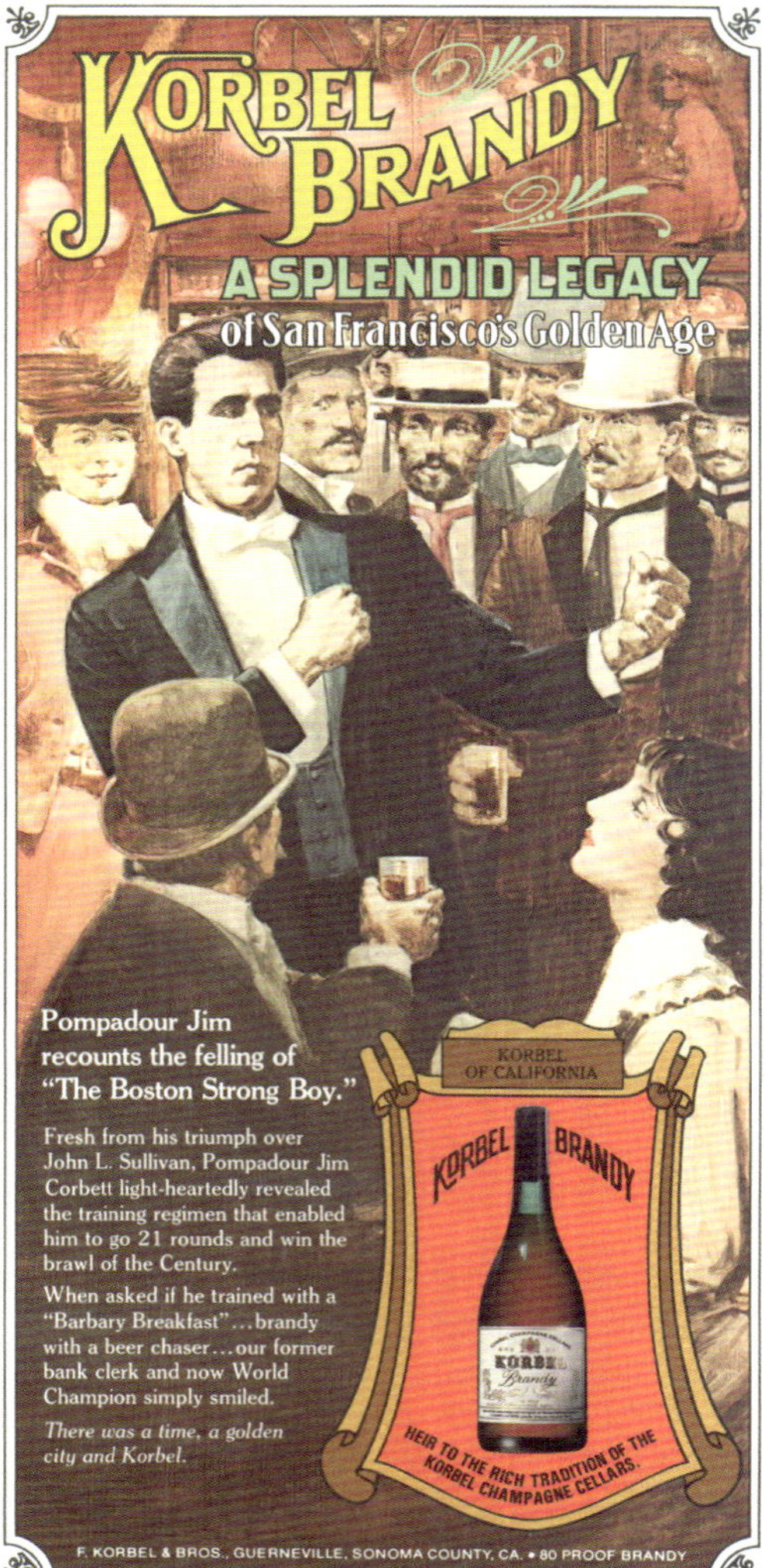

上流社会の高級な飲み物としてブランデーを宣伝するコーベル社の広告。紳士淑女の人気を集める有名なプロボクサーをモデルに使っている。

の多くの一般家庭にはブランデーが造れる道具一式があった。市民はブドウに限らず手に入る果物を何でも醱酵させて酒を造っていたのである。

禁酒法がカリフォルニアのワイン産業をほぼ壊滅させたように、ブランデー生産もまた大きな打撃を受けた。やがて1933年に禁酒法は撤廃されたが、ブランデーの復活には大きな努力が必要だった。カリフォルニア各地で多数の人々がこの窮地を救うべく、ブランデーの商業的な蒸溜と販売に着手した。クカモンガ・ヴァレーのジョヴァンニ・ヴァイ（1933年）、デレーノのアントニオ・ペレッリ＝ミネッティ（1936年）、フレズノのジョージ・ザニノヴィッチ（1937年）、そしてアーネストとジュリオ・ガロ兄弟（1939年）などはその代表的人物だ。E＆Jガロ社は、禁酒法撤廃後、数年間にわたってワイン用ブドウの豊作が続いたためにブランデー産業に参入したようだ。売れる以上のワインができてしまったときは、さまざまな用途に使えるようにそのワインを蒸溜酒にするのはよくあることだ。熟成前のブランデーは、20世紀全体を通じてアメリカで大人気だった甘口ワインのアルコール度数を上げるためにも使われた。

最初、アーネスト・ガロは友人を助けるために数千樽のブランデーを買い取った。その後、1949年にガロ社はワインの「余剰分」を使ってガロ・ブランデーを生産することにした。1967年には新商品のエデン・ロック・ブランデーが造られた。同社は1973年に自

他の低品質のブランデーと区別するために、カリフォルニアワインの先駆者であるアーネストとジュリオ・ガロ兄弟は20世紀初期に「E&J」というシンプルな表示のラベルを作った。

前の蒸溜所をフレズノに開設し、ガロ・ブランデーを復活させた。エデン・ロックは1975年に生産中止になり、代わって今は高級なデザインのE＆Jブランデーが発売されている。同社はシュナン・ブラン、グルナッシュ、バルベーラ、モスカートのほかに、昔からコニャックに使用されるコロンバール種も使用している。E＆Jブランデーは1977年に初めて全国的に発売された。その頃ジュリオ・ガロは単一のブドウの品種だけで造ったブランデーを独自に生産し始めた。

クリスチャン・ブラザーズとコーベルは禁酒法が廃止されたのちにブランデー生産を再開した。ほかにも大手の会社がアメリカのブランデー需要の増加に応じてブランデーを生産し始めた。その多くが20世紀なかばに大人気だったアメリカ産ワインのメーカーで、アルマデン、イタリアン・スイス・コロニー、ポール・マッソンなどのワインを生産している。1950年代なかばには、カリフォルニアで十数社を超えるメーカーがワイン用ブドウを使って高級ブランデーを造っていた。アメリカの大手販売会社も、この有望な産業に参入してメーカーへの資金提供や共同経営に乗り出した。その中でも特に大きいのは、シーグラム、シェンレー、ナショナル・ディスティラー、ハイラム・ウォーカー・アンド・サンズの4社である。

それから数十年間はカリフォルニア産ブランデーの需要があまりに多かったため、大手メー

カリフォルニアワイン・メーカーのコーベルは、同社が造る初期のブランデーを、伝統的な、ほとんど医薬品のようなデザインにした。何世紀もの間、ブランデーは薬効があると考えられてきたからだ。

カーは蒸溜後のブランデーをケンタッキー州に輸送していた。ケンタッキー州にはバーボン・ウイスキーの熟成に使われた樽が巨大な倉庫一杯に残っており、その樽がブランデーの熟成に使えたからだ。熟成はブランデーの宣伝の売り文句のひとつだが、自社の「カリフォルニア・ブランデー」がどこで熟成されているかは、どの会社もたいてい口を閉ざしていた。

生産量の増加に反比例して、品質は下がった。多くの会社が、自社ブランデーの一部または全部をコニャック方式の単式蒸溜器で蒸溜する手造りブランデーから出発したにもかかわらず、大半が工業的な大容量の連続式蒸溜器（アルマニャック地方で使用される小型の職人的な連続式蒸溜器とは似ても似つかない）に移行した。あまり品質にこだわりのない当時の需要に応えるためには、その方法しかなかったのである。20世紀なかばを過ぎると、質の悪い国産品、親世代の飲み物を拒否する若い世代、そして世代に関わらず外国に旅行して上質なブランデーを味わった経験のある人の増加など、さまざまな要因が重なり合って、カリフォルニア産ブランデーの評判はほとんど地に落ちた。

しかし、クリスチャン・ブラザーズやE＆Jガロ、コーベル、ポール・マッソンのような国産ブランドの忠実なファンは残ったし、今も存在し続けている。ケンタッキー州との縁で、「ビッグ・フォー」と呼ばれた最大のブランデーメーカー4社のうち2社は、もともとバーボンの製造あるいは販売会社だった複合企業に最終的に買収された。クリスチャン・ブラザーズはヘブン・ヒル（クリスチャンに天国《ヘブン》はぴったりの組み合わせだ）、そしてポール・マッソンはコンステレーション・ブランドの傘下に入っている。しかし、カリフォルニア産ブランデーの多くは安価で売られ、当然かどうかは別としても、ブランデー産業の地位自体も低下した。１９８０年代には、カリフォルニア産ブランデーは若者やエリート層の好む飲み物ではなくなっていた。

そんな状態が何十年か続いたのち、比較的最近になってコニャックの人気が上昇している。コニャックの流行に乗って、アメリカの歴史あるいくつかのブランデーも人気を取り戻し始めた。そして各社はそろって自社ブランドのデザイン変更と販売戦略の修正を始めている。たとえばガロ社は２００３年に単式蒸溜器によるブランデー生産を開始した。43パーセントのマーケット・シェアを誇る同社は、若い消費者の増加やブランデーを好む女性の増加といった最近のいくつかの流行の波に乗っている。

あとの章で述べるが、新しい高級ブランデーの発売や、職人的な生産への回帰でブランデーに注目が集まっている状況、そして21世紀のミクソロジー・ブームでコニャックやブランデーが再評価されたことで、アメリカ産ブランデーの将来はさらに明るいものになるかもしれない。

第9章◉コニャックについて語り尽くそう

◉ブランド確立のために

第3章で見たように、20世紀初めのコニャック地方は、ヨーロッパのブドウの木に寄生する害虫によってブドウ畑が全滅した被害から、ようやく立ち直ろうとしていた。同時に、19世紀末に外国で誕生し、自社の蒸溜酒を「コニャック」と称するブランデーメーカーによって、コニャックは激しい競争にさらされていた。

自分たちが造るブランデーの独自性を明確にするため、コニャック地方の人々はまず、コニャックに使われるブドウ畑の範囲を限定した。次にブランデーの生産と熟成に関するルールをまとめた。そして他のブランデー生産地域に貿易協定を結ぶように迫り、「コニャック」

という名称の使用を制限しようとした。この戦いは現在も継続中だ。

コニャック地方の土壌を１８６０年から包括的に分析した結果に基づいて、コニャック生産地の最初の境界線は１９０９年に完成した。コニャック地方は１９３６年にＡＯＣ（原産地統制呼称）［特定の地域で生産される商品に対し、産地や製造方法に関する一定の条件を満たす場合に限ってその地域の名称の使用を認める制度］の認証を受け、１９３８年にコニャック地方の境界線が最終的に確定し、６つのブドウ生産地域（クリュ）に分けられた。グランド・シャンパーニュ、プティット・シャンパーニュ、ボルドリ、ファン・ボア、ボン・ボア、ボア・ア・テロワール（ボア・ゾルディネールとも呼ばれる）である。

フィーヌ・シャンパーニュというのはあとから追加された呼称で、ブドウの生産地の名称ではない。グランド・シャンパーニュとプティット・シャンパーニュで造られたコニャックをブレンドし、グランド・シャンパーニュ産のコニャックを少なくとも50パーセント含むものがフィーヌ・シャンパーニュと呼ばれる。

ここでいう「シャンパーニュ」は「田舎」［田舎を意味する古いフランス語 campagne に由来する。シャンパンの産地であるシャンパーニュ地方とは異なる］を意味し、石灰質の土壌は最高のコニャックになるブドウを栽培することができる。グランド・シャンパーニュのブドウ畑はその中でも最高と考えられており、僅差でプティット・シャンパーニュ（石灰質の種類が異なる）が2番目になる。続いてブドウの品質の順に、ボルドリ（粘土と砂が混じる）、ファン・ボアとボン・ボア（それぞれに異なる量と性質の石灰質を土壌に含む）、そしてボワ・ゾルディネール（砂の量が多い）がある。

昔は上位のふたつか3つのクリュでしか最高級コニャックはできなかったが、現在は生産者の工夫が実って、他のクリュで生産されたコニャックをブレンドして上質な熟成コニャックが造られるようになった。最近、カミュ社は「イル・ド・レ」シリーズのコニャックを発表した。これは塩気があり、ピート香［燻製のような香ばしい香り］とウイスキーのようなスモーキーな香りと風味を持つコニャックである。昔のオランダ人商人はイル・ド・レで生産される上質な塩が目当てで交易に訪れ、それがコニャックの誕生につながった。この「イル・ド・レ」シリーズのコニャックがより多くの人にコニャックを知ってもらうきっかけになるなら、これほどふさわしいことはない。

◉ルールと技術

コニャックには白ブドウの品種しか使用を認められていない。コニャック地方の主なブドウの品種はコロンバール、フォル・ブランシュ、そしてユニ・ブランである。さらに、全体の10パーセントまでフォリニャン、ジュランソン・ブラン、メスリエ・サン＝フランソワ、モンティル、セレクト、セミヨンを混合することができる（各品種が最大10パーセント以下）。すでに生産者は、気候変動が急速に進んだ場合に備えて、数年後に栽培すべきもっともよいブドウはどれかを考えている。

コニャックは単式蒸溜器を使った2回蒸溜で生産され、近くの森で産出する上質なオーク材を使ってコニャック地方で作った樽で熟成しなければならない。地元のリムーザンオークは木目が粗く、最高のブランデーの性質を引き出すのにもっとも適していると考えられている。使用する木を慎重に選んで切り倒したのち、大まかに分割してから2〜3年かけて自然乾燥させる。

この値の張る樽は手作りだ。樽の内側をどの程度焦がすかは、コニャックメーカーによって違う。淡く色づく程度に焦がすか、黒くなるまで焦がすかは、自社の蒸溜酒にどのような香りや風味を持たせたいかによって好みが分かれる（コニャックは樽で蒸溜されることによって色づくのが理想だが、法律的にはカラメル色素を添加して着色することや、最終的なブレンドの際に、糖、そしてオークの浸出液であるボワゼを添加することが認められている）［ボワゼはタンニンを増やす効果がある］。コニャックは自然に熟成していく過程で、透明から黄色、淡褐色、金色を帯びた琥珀色、黄褐色に変化し、10年たつと深い赤褐色になる。

熟成の過程で、生産者は毎年2〜6パーセントの蒸発を考慮する必要がある。蒸発して

この写真は熟成中のコニャックの色の変化を示している。およそ25年で、無色から金色がかった淡黄色、琥珀色、そして茶色に色づいていく。

消える分は「エンジェルズ・シェア」［天使の分け前］と呼ばれる。フランス語では「ラ・パール・デ・ザンジュ」で、この言葉はコニャック地方で毎年恒例のチャリティー・オークションの名称にもなっており、このオークションにはコニャックの名品を競り落とそうとする上流社会の人々が世界各国から参加する。

コニャックの熟成には乾燥した貯蔵庫と湿度の高い貯蔵庫の両方が使われる。これは望ましい香りや風味を最大限に引き出すために工夫された複雑な方法で、ときにはほぼ毎年移動（たいていは樽ではなく中身だけ）する場合もある。乾燥した貯蔵庫では水分が比較的速く蒸発するため、スパイシーでウッディな香りが強くなる。湿度の高い貯蔵庫では水よりもアルコールの蒸発が速く、コニャックはよりまろやかで口当たりがよくなり、フルーツとフローラルの香りが高まる。

蒸溜技師や貯蔵庫の管理者は、自社のコニャックに独特な味わいを加えるために、それぞれ独自の方法を持っている。コニャックの味わいを特徴づける感覚的要素としては、フローラルやシトラス、パンやケーキを焼くときのスパイスの香り、葉巻に似た香りなどがあり、さらにトフィーやコーヒー、スギ、皮革、ドライフルーツやヴァニラなど、数え切れないほどの要素が含まれる。

コニャックの生産方法が統一されたあとでさえ、何もかも順調とは言いがたかった。第二次世界大戦中、コニャック地方の大部分はドイツ軍によって占領されたが、先見の明のあるコニャック生産者は、将来のためにたっぷり在庫を確保していた。そのためにどんな手を使ったかは、コニャック地方を訪れる観光客に語られることはあまりない。生産者の中には、悪魔と取り引きした人もいると言われているからだ。歴史の裏側に興味のある人は、コニャックの歴史について書かれたもっとくわしい本を読んでみるといいだろう。

第二次世界大戦後の１９４６年に、コニャックの生産と国内外の販売を監視する目的で、全国コニャック事務局（ＢＮＩＣ）が設立された。役員会は17名のブドウ栽培者と17のコニャックメーカーで構成されている。ＢＮＩＣの規定によれば、コニャック用のブドウから造ったワインは熟成させずにできるだけ早く蒸溜してオー・ド・ヴィ［フランス語でブランデーのこと」にする。コニャック地方では、蒸溜はブドウの収穫から1年以内の4月1日までに終えなければならない。また、蒸溜の期限である4月1日から少なくとも2年間樽で熟成しなければ、公式にコニャックを市場に出荷することはできない。

一方、有名なコニャックメーカーのハインは、20世紀なかばまでごく一般的だったコニャックの生産方法を今も守り続けていることを誇りにしている。同社のコニャックは樽でイギリスに出荷され、現地の倉庫で熟成されてから瓶詰めされるので、熟成前に陸揚げされたという意味で「アーリーランデッド」コニャックと呼ばれる。一年中涼しくて湿度の高いイギリスの気候では蒸発する割合が少ないので、コニャック地方で熟成したものとはやや違った風味になる（ハインは過去50年間、英国王室御用達《ごようたし》のコニャックメーカーとして、エリザベス女王にコニャックを提供し続けている）。

重要なのは、コニャックの変化はすべて樽で熟成中に生じるということだ。いったん瓶詰めされれば、コニャックはいつ飲んでもいい。瓶に入れられたコニャックの味はそれ以上よくなることはないからだ。正確には、樽の中でさえコニャックはある時点で変化しなくなる。これには数十年から最長で80年もかかることがある。ここまでくると、貯蔵庫の管理者はそんな貴重なコニャックを売るためではなく保管のために瓶詰めする。フランス語でダム・ジャンヌ、英語でデミジョンと呼ばれる細口の丸い大瓶に移し、自由に出入りできない鍵のかかっ

各コニャックメーカーは、参照のため、あるいは特別な機会に合わせた完璧なブレンドを作るために、数十年分の熟成したコニャックのサンプルを手元に保存している。

た部屋にうやうやしく安置する。貯蔵庫内のその場所は、パラディ（パラダイス）というぴったりな名前で呼ばれている。

栓を開けたコニャックは、冷暗所に置けば何か月も、ときには1年でも保存できる。コニャックがもっともおいしく飲めるのは、熟成期間が短いコニャックの場合、瓶詰め後わずか数年間かもしれない。一方、熟成期間の長いコニャックになると、数十年間はベストな状態が保てる。しかし、たとえ瓶詰めされたコニャックでも時間がたてば風味と香りは薄れ始める。

◉等級と名称

現在のコニャックの等級に関する規則は１９８３年に最終決定された。将来の変更も話し合われているが、まだ決定にはいたっていない。今のところ、全国コニャック事務局のウェブサイトに公表されている分類は次のようになっている。ＶＳ（Very Special［非常に特別な］）または３つ星はコント２［コントは熟成年数を表す単位］、すなわち２年以上樽で熟成したもの。ＶＳＯＰ（Very Superior Old Pale［非常に優良な、古い透明感のある］）またはレセルヴはコント４、つまり４年以上の樽熟成。ナポレオン、ＸＯ（Extra Old［非常に古い］）、またはオール・ダージュはコント６、つまり６年以上の樽熟成を表している。この等級は、ブレンドされたブランデー［ブランデーは熟成年数の異なるものがブレンドされて瓶詰めされるのが一般的］のうち、もっとも熟成期間の短いものを基準にしている。ヴィンテージと称されるコニャックは、ある特定の年に収穫されたブドウだけを使って造られたもので、最近になって人気が出てきた。市場に出ているコニャックの大半（およそ85パーセント）はＶＳかＶＳＯＰである。

ナポレオンという名称には若干の混乱があった。過去にはコニャック地方の（および世界の他の地域の）生産者によって、ナポレオンは非常に古いブランデーを指す言葉として無差別に使われてきたからだ。現在コニャック地方では、ナポレオンはXOと同様に、6年以上熟成したコニャックを示す言葉として正式に承認されている。しかしややこしいことに、コニャックのラベルに「Ｅｘｔｒａ」（エクストラ）と表示されている場合、実際にはそのコニャックはXO（Extra Old）より古い場合が多い。XOやＥｘｔｒａとついたコニャックの多くは、非常に古いコニャックがかなりの割合でブレンドされている。ブレンドの正確な割合はコニャックメーカーによって異なっている。最近のコニャックメーカーは、ブドウの栽培から蒸溜、熟成まで一貫生産する生産者（このような生産者を「プロプリエテール」と呼ぶ）の名前をつけた特別なラベルを貼った特製コニャックを売り出し、新たな消費者の関心を呼び込もうとしている。

多くの国々がすでに国産ブランデーを「コニャック」と呼ばなくなってからも、VS、VSOP、XOなどの等級を採用している。この表示は、公正に利用されさえすれば、その等級制度の中でどの商品の熟成期間がより長いか、あるいは短いかが消費者にわかるという点で便利なものだ。しかし、ブランデー生産地域はそれぞれ独自の熟成とラベル表示に関する規則を定めているので、他の地域のVSOPがコニャック地方のVSOPと同じ熟成年数（あるいは同じ手間をかけて造られている）かどうかはわからない。

◉コニャックの魅力

現在、全国コニャック事務局は大小の企業と個人、そして協同組合を含めて325のコニャック生産者を登録している。しかし、その中でもクルボアジェ、ヘネシー、マーテル、レミーマルタンという最大手の4社は、実質的に世界中の誰もがその名前を知っているという点で他を圧倒している。この4社はコニャック生産量のおよそ85パーセントを占めている。これらの企業はもちろん自社のブドウ畑を持っているが、ブドウ栽培者から買ったワインを蒸溜してコニャックを造る方法も取るし、ブドウ栽培者が造った蒸溜酒を買って熟成し、ブレンドし、瓶詰めしたコニャックを市場に出すという一般的な方法も採用している。

最近のコニャック瓶は円筒形からフラスコ型までさまざまだが、美しい曲線を描く魅力的な形や輪郭を持つガラス瓶も多い。コニャックメーカーは自社の最高級品のために、見事な彫刻的造形の瓶を作らせる。ここまでくると、瓶そのものがコニャックの価値を大いに高めている。ラベルのデザインもいろいろだ。古風で伝統的なものもあれば、ポストモダン的デザインを意識して、瓶の正面にたった2語しか書いていないものもある。全体的に見て、1本数千ドル、場合によっては数万ドルもする最高級品の格式と価格に、デザインが果たす役割は大きい。たとえば過去5年間のヘネシーやハイン、クルボアジェの最高級品は、

アジアの風習である干支で、竜の年［辰年］に当たる2012年に、ジャノー社は「ドラゴン」シリーズのアルマニャックを発売した。一番古いのは1964年の辰年から48年間熟成されたもの。瓶は木箱に収められており、アジアの消費者を狙った非常に魅力的な商品である。

1本1万ドルもする。

上質な蒸溜酒の謎めいた世界に足を踏み入れるとき、つい安価なものや熟成期間の短いものから手を出したくなるが、コニャックの場合、それはやめたほうがいい。最初に飲むコニャックには、まずはＶＳＯＰを勧めたい。このクラスのコニャックであれば、ひと財産つぎ込まなくても口あたりのよさや香りの繊細さを十分味わえるからだ。コニャックをカクテルに使う場合でさえ、まずＶＳＯＰを試してみるのが一番だとミクソロジストは言う。ミキサー［酒を割るために用いる飲料］やその他の風味づけの材料と驚くほどよく混ざりあうからである。

ＶＳＯＰのコニャックは安いものでおよそ45ドル、高いものなら相当な値段になる。もちろん、ＶＳのコニャックならもう少し安く手に入る。もっとも評判の高いブランドのＸＯは大手メーカーのもので大体１００ドル以上するが、それほど知られていない（それほど評判がよくない）コニャックメーカーのＸＯなら、はるかに安い。

コニャックを買おうとする場合、一般に大事なのは値段だ。しかしＶＳやＶＳＯＰ、ＸＯのコニャックに加えて、一貫生産者であるプロプリエテールの名前がついた多種多様なコニャックがある。限定品ならではの人気ですぐに売り切れてしまうものもある。こうした限定品のコニャックはかなり高いが、特別にデザインされたラベルと瓶に加えて、香りや風味の点で、これまでのコニャックに対する見方を変えてくれる。どんな消費者をターゲットにするかによって、スパイシーな香りを強調する会社もあれば、フルーツの風味をより多くブレンドする会社もある。

◉コニャックの飲み方

ブランデーと言うと、琥珀色の液体が底にほんの少し入った、口の広い大きなブランデーグラスを傾ける金持ちの紳士の古くさい風刺画を思い浮かべる人が多い。しかし実際には、このような胴のふくらんだ大きなグラスは急速にすたれつつある。50年前から１００年前、室温が今よりはるかに低く、室内よりもっと気温の低い貯蔵室でブランデーが保管されていた時代には、このようなグラスは有益だった。当時はコニャックの繊細な香りと風味を立たせるために、グラスの中の液体を手で温めるとよいと言われていた。温められると香りがゆっくりと立ち昇り、丸みを帯びたグラスの口の部分にしばらくとどまるので、静かに息を吸い込むことによって香りを感じることができた。

今ではもうそんなことをする必要はない。現代の住宅では、室温で保管されたコニャックはすぐに飲める温度になっている。コニャックをグラスに注ぎ、グラスの縁に鼻を近づけるとすぐに香りが感じられる。また、香りを立てるためにコニャックを激しく揺らすのもやめたほうがいい。温まったコニャックの繊細な芳香を立ち昇らせるためには、グラスをゆっくりとまわす程度で十分だ。

コニャック地方では、小ぶりの白ワイン用グラスかシェリー・グラスくらいの大きさのグラスで飲むのが最近の流行になっている（昔のコニャック・グラスの形にほとんど回帰したと言ってもいい。小さめで、おそらく時間をかけて温めたり香りや風味をゆっくり確かめたりするよりも、飲むことを目的に作られていた）。少しずつ味わうための熟成したコニャックは少量を注ぐのが正しい飲み方で、20〜40ミリリットルがちょうどいい量だ。

コニャックを買うためにあれこれ品定めしていると、コニャック生産の85パーセントを占める4大コニャックメーカーが世界中のコニャックの販売を牛耳っているのがよくわかる。これらの会社はたいていバックに大企業がついていて、海外への販路の拡大、商品開発、流通と宣伝に必要な資金を援助している。LVMHモエ・ヘネシー・ルイ・ヴィトンはヘネシーを、ペルノ・リカールはマーテルを、ビーム・グローバル（現在はサントリー傘下に入っている）はクルボアジエを、そしてレミーコアントローはレミーマルタンを、部分的にあるいは完全に所有している。この4社の2011年度の世界各国での売り上げは合計でおよそ50億ドルに達した。

味わってみる価値のあるコニャックはほかにもたくさんある。入手しやすさ、飲む機会、そしてもちろんお金の余裕に応じて選んでもらいたい。ABK6、バシェ＝ガブリールセン、バロン・オタール、ビスキー、カミュ、カンジャー、ド・リューズ、デラマン、フェラン、フランソワ・ヴォワイエ、フラパン、ゴーティエ、ハーディ、ハイン、ジャン・フィユー、ジェンセン、ランディ、ルイ・ロワイエ、ミュコー、ノルマンダン＝メルシエ、ペイラ、プルニエ——これらはどこでも手に入りやすいブランドだ。

正式なコニャック用のテイスティンググラスは比較的小さく、中央部分がふくらんで、口のほうはややすぼまっている。この形はコニャックの香りが逃げにくく、香りを確かめるのに理想的だ。

第10章 ◉ コニャックのカクテルと最新の流行

高級感は21世紀のコニャックのイメージに欠かせない要素だ。コニャックをストレートで味わうか、高級なカクテルにするか、ミキサーで割るかはともかく、コニャックを飲む人はみな、ぜいたくなひとときを過ごしたいと思っている。イギリス、アメリカ、そして西洋志向の文化を持つ国々では、夕食後に高級ブランデーをストレートで飲みたいと思っている人々が、まだ一定の割合で存在している。これらの人々の間ではコニャックが持つぜいたくなライフスタイルのイメージは大切で、最高級コニャックが何よりも大事にされる。しかし、ブランデーのルネサンスともいうべき現在の新しい潮流にはいくつもの源泉がある。東アジア文化、アメリカのポピュラー音楽、そして活気あふれるミクソロジーである。

20世紀末に、ふたつの文化圏が同じ時期にコニャックやブランデーを多く消費するようになった。ひとつはアジア、特に香港の上流の消費者である。もうひとつはアメリカの都会（貧困層の多い都心部）の消費者だ。世界のほかの地域ではたいていコニャック消費量は基本的に横ばいなので、コニャック生産者はこれらふたつの地域への販売に力を入れ始め、確実な成果を上げている。

◉人気の理由

アメリカの都市部でブランデーとコニャックの消費量が増加しているのは、ヒスパニック［スペイン語を母語とする中南米出身者］や黒人の人口が多い地域である。ラティーノ［ヒスパニックとほぼ同義だが、スペイン語圏に限らず中南米全域の出身者］社会については、すでにメキシコや他の中南米諸国に定着していたスペインのブランデー文化がさらに拡大した結果と見ることができる。都市部の黒人社会におけるブランデーやコニャック消費量の増加については、現代の若者たちの抵抗や反抗であるという説から、第二次世界大戦中に黒人兵がヨーロッパでこれらの酒を覚えたという説まで、いくつもの説明が試みられてきた。

後者の説をとるとすれば、ブランデーに対する関心の高まりは20世紀世までさかのぼることになる。実際、貧困層の多い都心部では、ヒップホップがはやり始める前から、すでに何十年間もたくさんのブランデーが飲まれていた。しかし世界の他の地域がそれに気づいたのは、2001年になってラッパーのバスタ・ライムスが歌手のP・ディディと一緒に歌った『クルボアジェをくれ』と、その後の（同じように大ヒットした）リミックス、そしてミュージックビデオを通してだった。

それから十数年の間に、コニャックのブランド名、特にクルボアジェやヘネシーなどを歌詞に入れたヒップホップが150曲以上発表された。同時に、この都市部の黒人市場にアピールするため、コニャックメーカーは何人かの有名なラッパーとパートナー契約を結んだ。リュダクリスはバーケダル・ハートマン社のオーナーであるキム・ハートマンとともに新しいコニャック、カンジャーをプロデュースした（ただし、リュダクリスは広告には本名のクリス・ブリッジズとして登場している）。ドクター・ドレーは、コニャックメーカーのABK6と共同でアフターマスという名のコニャックを発売した。T・Iとマーテル社も提携を発表した――しかしT・Iが刑務所に送られた数か月後に契約は解消された。

コニャックの大手メーカーのいくつかは、都会の裕福な消費者をターゲットにした特別なコニャックも造っている。ミュージシャンのジェイ・Zはアメリカ市場にデュッセを売り出した。このコニャックはバカルディ社の商品で、同社はコニャックメーカーのバロン・オタールを所有している。最近レミーマルタンは、紫外線を当てるとまっ赤に輝くラベルをつけて、アーバンライトという名のVSOPコニャックを限定発売した。そのほかにも毎年新しい高級コニャックが発売されている。面白いことに、コニャックメーカーのウェブサイトにはこれらの高級品は必ずしも掲載されていない。各社はその特別なコニャックの一貫生産者の名前でウェブサイトを検索してくれることを期待している。目下のところ、コニャックメーカーはこの伝統ある蒸溜酒に世界中の人が抱いている高級なイメージを維持するために、あの手この手を同時に繰り出しているようだ。

◉アジアのコニャック市場

アジアに目を向けると、コニャックの消費の伸びは「爆発的」のひとことに尽きる。高級志向の中国人消費者にとって上質なボルドー・ワインは今ではなくてはならない嗜好品だとよく言われるが、コニャックが今や蒸溜酒の中でボルドー・ワインに匹敵する地位を占めているということは、案外知られていない。日本の消費者は、西洋の蒸溜酒といえばスコッチ・ウイスキーを選ぶが、中国人やその他のアジア人はブランデーの熱烈な消費者だ。中国では、ブランデーといえばXOかエクストラ、あるいはヴィンテージを指し、それ以外のものは認めない。そして、古くて稀少価値があるほどよいとされている。

２０１２年、中国のコニャック市場はそれまで1位を誇っていたアメリカ市場を売上金額で上まわった。この途方もない成長ぶりを見て、コニャックメーカーの視線は数年前からアジアに集まっている。中国人は最高級品しか買わないので、この状況は今後も続くことが予想できる。相当数のコニャックメーカーが、世界の他の地域にも同じものを売り出すかどうかはさておき、中国市場のために特別な瓶やブレンド、そしてラベルをあつらえている。

最近、コニャックが中国人の需要を満たし続けられるかどうかを危ぶむ記事がマスコミに出た。中国の抜け目ない輸入業者や消費者はアルマニャックにも目をつけ、アルマニャック地方を大いに喜ばせた。アルマニャック地方は交通の便が悪い内陸に位置するため、そこで造られる名高いブランデーは何世紀も二番手の地位に甘んじてきた。しかしその障害は近代的な輸送技術によって問題ではなくなった。アルマニャックは、今では品質にふさわしい名声を中国で享受している。

今や中国人はコニャックやアルマニャックに飽き足らず、今度は本格的な（ワインを原料にした）ブランデーを生産する新しい市場に手を伸ばしている。もっとも近いのはオーストラリアだ。中国のような新しい市場の消費者でも、コニャック以外の外国産ブランデーの中から適切なものを選ぶのは、他の蒸溜酒に比べれば簡単だ。世界中のほとんどのブランデーメーカーは、自社製品にコニャックと同じ基準を適用してラベルをつけているからだ。3つ星やVSは一般的に3段階の一番下のレベル、VSOPは真ん中、そしてXOは一番上のレベルである。さらに、ナポレオンやエクストラ・オールド、ヴィンテージなどの呼称も使われており、プロプリエテールの名前のついた限定品もある。それぞれの等級が世界中どこでも同じ熟成年数を表しているわけではないが、こうした表示は新参の配給業者や消費者がブランデーの世界に足を踏み入れやすくしている。

ほかのアジア諸国もこの流れに加わっている。いくつかの国では、ブランデーを飲む習慣は植民地時代の影響で始まった。ミュージックビデオなどで見た外国の都会生活に直接影響されてブランデーの味を覚えた国もある。現代のフィリピンの若者たちがそうだ。しかし、フィリピンでも若者以外の世代はスペイン産ブランデーを飲む習慣を守っている。彼らの好みはペドロ・ドメック社のフンダドールという名のブランデー・デ・ヘレスである。

中国以外のアジア諸国も少なくない量のコニャックを輸入している。たとえばベトナムは、1990年代の終わりには世界第5位のブランデー消費国になった。この国のブランデー消費熱はあいかわらず強い。20歳から50歳の範囲では、ブランデーを飲むのは主に男性で、主としてコニャックが好まれている。彼らのうち、その他のブランデーを選ぶ人は10パーセントに満たず、アルマニャックを好むのはおよそ1パーセントにとどまっている。ベトナムでは多くの場合、コニャックはナイトクラブのような場所で若い男性が人前で飲むものだ。だから大手のコニャックメーカーが好まれるのである。

ブランデーはロシアやほかのアジア諸国でも生産される。しかし、それらの地域の中にはブドウがあまり育たない場所もあるため、ブランデーといっても実際にはワイン以外のものから造られたものも多い。ブランデーはフィリピンでは一大産業になっている。実際、世界最大の生産量を誇るブランデーのブランドはフィリピンのエンペラドールだ。しかし、大事なのは大っぴらに語られない話である。このブランデーの原料が問題なのだ。エンペラドールがブドウから造られるのはたまにしかなく、その場合でも、ワイン用のブドウ（食用ブドウに対して）が使われることはめずらしいと言われている。

●さまざまな「ブランデー」

しかし、市場によっては本格的な製法に近づいているところもある。ロシアのファナゴリスキー社や同国の多数のブランデーメーカーは、今ではオーク樽による熟成を売り物にしている。ファナゴリスキー社は最近、独自の近代的な樽製造所を開設した。ロシアのキン・グループはコニャック地方のドメーヌ・デ・ブロワ社を買収し、この会社から熟成したコニャックや蒸溜酒を輸入している。キン・グループはロシア国内で生産・ブレンドしたブランデーも造っている。インドのモルフェウス社はインド産のブドウとフランスから輸入したブドウを使用している。中国は招き入れたコンサルタントのアドバイスを受けながら、伝統的な方法でブランデーの蒸溜を試みている。

世界のさまざまな地域では、その土地で手に入りやすい農作物——ときにはパイナップルも——で色のついた蒸溜酒を造り、その瓶に「ブランデー」というラベルを貼ることがある。生産者にとっても消費者にとっても、コストが低いのが利点だ。これらのブランデーは、輸入ブランデーやコニャックの半額以下の値段で売られている。

ブランデーにもさまざまあるが、注目しておきたいもうひとつの流行は「ホワイトブランデー」で、アルマニャック地方からカリフォルニアまで、いたるところで造られている。蒸溜酒業界では「ホワイト」は実際には無色の蒸溜酒を指す。無色のブランデーというのは、言葉としては矛盾しているように思える。ブランデーは木製の樽で熟成されることによって、えもいわれぬ香りや風味と色がつくことで知られているからだ。ホワイトブランデーが無色なのは、樽熟成をしていないか、樽から溶け出した木の色を濾過して取り除いているからである。

ホワイトブランデーはアルマニャック地方でも造られている。実際、アルマニャック地方の伝統的な「ブランシュ」［白］は、2005年にAOC（原産地統制呼称）の認証を受けた。ブランシュは指定されたブドウ畑の区画で育てたフォル・ブランシュやユニ・ブラン、バコ、コロンバールで造らなければならない。ワインを醸造してから早めに蒸溜することが必要で、蒸溜後は3か月間の「成熟」期間を取る。それからアルコール度数が高いこの蒸溜酒に水

コニャック地方で開催されたカクテル・サミットで、カクテル・コンテストのために炎を上げるカクテルを作るミクソロジスト。

を加えてアルコール度数を40度程度に下げ、瓶詰めできる状態にする。実際には、この工程にたいてい3か月以上かかる。

ホワイトブランデーは、カクテルのベースになる無色の蒸溜酒が流行したおかげで注目されるようになった。この流行はこの20～30年ほどの間に急速に勢いを増し、いっこうに衰える気配が見えない。ホワイトブランデーの流行はコニャックにも現れている。2010年にレミーマルタンは熟成していない無色のコニャック「V」を発売した。ヘネシーはブラックという名のコニャックも出しているが、「ピュア・ホワイト」も発売して、世界数か国で試験的に売り出した。

厳密に言えば、コニャックは一定期間

樽熟成しなければならない決まりがあるので、熟成しない無色の蒸溜酒は「コニャック」とは呼べない。しかし、市場で売られるホワイトブランデーの数はこれからますます増えるだろう。ホワイトブランデーは、伝統的な方法で熟成するのに必要な長い年月を待たずに、コニャック地方で生産されるブランデーを売るひとつの方法でもあるからだ。

ほかには、南アフリカのコリソン社がホワイトゴールドというブランデーを造っている。アメリカではクリスチャン・ブラザーズが「フロスト」という商品でホワイトブランデー市場に参入した。このブランデーは樽熟成されているが、熟成後に加工（そしてこの商品の場合は風味づけも）しているので、瓶詰めされたブランデーは無色である。これらの無色のブランデーはどれも冷やして飲むのがお勧めだ。最新流行のミクソロジーでは、ウォッカの代わりとしてカクテルに使うといいだろう。そしてコニャックが今まさにホットな話題になっているのが、ミクソロジーの世界なのである。

第11章 ◉ 少量生産――ブランデーの新しい波

21世紀初めにカクテル文化がコニャックをふたたび流行させる以前から、ブランデー復活の兆しは世界中で見られた。特にアメリカでは、１９８０年代に職人的な手造り蒸溜酒のブームが起き、新たな生産者がこの業界に参入するきっかけを作った。しかし、もっとも有名なふたつのメーカーのうち、ひとつはアメリカの職人的ブランデーの主役の座に定着したが、もう一方のメーカーは消滅してしまった。

コニャック地方の傑出したコニャックメーカーであるレミーマルタン社は、カリフォルニアのナパでスパークリングワインを造っているワイナリーのシュラムスバーグ・ヴィンヤーズの経営者、ジャック・デイヴィーズと１９８２年に提携関係を結んだ。彼らはナパとソノマにまたがるワインの生産地、カーネロス地区に蒸溜所を設立した。この蒸溜所はＲＭＳ

と呼ばれ、大きな期待が寄せられた。しかし、ここで造られる忠実なコニャック方式のブランデーは称賛を浴びるどころか、アメリカの消費者からはほとんど見向きもされなかった。のちにこの蒸溜所はカーネロス・アランビックと改称したが、ほとんど効果はなかった。

同じく1980年代初め、アメリカ人のアンスレー・コールとコニャック地方生まれのヒューバート・ジェルマン＝ロビンは、カリフォルニア北部の人里離れた森に囲まれたメンドシーノ・カウンティにジェルマン＝ロビン蒸溜所を設立した。やはりアメリカでは大きな注目を浴びなかったが、彼らが造るブランデーはつねに高く評価された。どちらの会社も15年以上生産を続け、1990年代終わりにカーネロス・アランビック（旧RMS）は閉鎖されたものの、ジェルマン＝ロビンはようやく黒字に転じ、現在まで職人的蒸溜酒を生産し続けている。

コールとジェルマン＝ロビンは、ブランデーの原料となるブドウの選別に新しい方法を取り入れた。最初はコニャック地方で使用されるのと同じブドウの品種を集めていた。しかし、カリフォルニアのメンドシーノで造られるブランデーは、どうしても彼らが追い求めている味にはならなかった。品種が同じでも、コニャック地方の石灰質の土壌で育ったブドウとは違うからだ。メンドシーノがすぐれたワイン用ブドウの産地であることに気づいて、彼らは思い切って地元の最高のブドウからブランデーを造ってみることにした。試行錯誤を繰り返

フランス人とカリフォルニア在住のアメリカ人が20世紀末に資金を出し合って、北カリフォルニアにジェルマン＝ロビン・ブランデー製造会社を設立した。この飾り気のない上品な瓶は、彼らの初めてのブランデーのためにデザインされた。

して、彼らはようやく地元のブドウを使って上質なブランデーを造る方法にたどり着いた。契約したブドウ農家を説得して、ブドウが完全に熟す前に摘み取るよう説得するのも一仕事だった。熟してからではブランデー造りに必要な酸味のバランスが保てないからだ。

現在、ジェルマン゠ロビンはコニャック用のブドウからコロンバールだけを選んで使い、カリフォルニアで栽培されるピノ・ノワールを中心にブランデーを造っている。ブドウの出来具合によって、地元で育つセミヨン、ソーヴィニヨン・ブラン、ジンファンデル、シュナン・ブラン、マスカットを含めることもある。

最適なブドウの組み合わせが決まると、コールはブランデーに関する知識を大衆に広める必要があると感じた。彼の見たところ、アメリカ人はブランデーをほとんど変化のない商品とみなしていた。彼らはブランデーをブランド名で選び、値段の高いものを欲しがり、ブランデー造りに何が使われているのかをよく理解していなかった。コールは時間をかけてアメリカ人にブランデーの知識を浸透させていった。

メンドシーノで成功を収めたのち、ヒューバート・ジェルマン゠ロビンは蒸溜技師としてアジアや世界各地のブランデー生産者の相談に乗り始めた。現代のコニャックやブランデー・ブームのおかげで、ブランデーの生産を始めたい会社は数多くある。しかし、蒸溜に使える質のよいブドウがどこでも手に入るわけではなく、ブドウがまったく取れない地域さえある。

カリフォルニアのジェルマン＝ロビン社では、愁いを帯びた顔立ちと、上流階級らしくハイフンでつながれたフランス風の二重姓を持つ主任蒸溜技師が腕を振るった。

ヒューバートは見知らぬ新しい土地を調査しながら、しばしば新天地を探検するような喜びを感じている。

アメリカでは、ほかにもいくつかの会社がブランデーの少量生産に乗り出した。カリフォルニア州サンタクルーズでオソカリス社を経営するダニエル・ファーバーは、自分をカリフォルニア・ブランデーの「1・5世代」と呼んでいる。彼はオソカリスを設立する前に、フランスとスペインに渡ってブランデー生産と熟成について学んだ。1980年代の終わりに蒸溜を始めたとき、当時まだ新しかったRMSやジェルマン＝ロビン蒸溜所については知らず、世界に通用するブランデーを造ることだけを考えていた。今ではファーバーは、ヒューバート・ジェルマン＝ロビンは「カリフォルニア・アランビック」式ブランデー生産の先駆者であり開拓者だと考えている。

ファーバーはコニャック式の蒸溜法を採用し、ピノ・ノワール、セミヨン、コロンバールなど、カリフォルニアで栽培されるブドウを使う。ブドウの品種の配合は毎年少しずつ違う。ファーバーは、オソカリス社のブランデーは製法や特徴などの点でアルマニャックとコニャックの中間的な存在だと考えている。彼は自社のブランデーをアメリカンオークの樽で熟成しようと考えたが、リムーザンオークのほうがはるかにすぐれていることがわかった。ファーバーは通常、単一年度に生産されたブランデーを熟成が終わるごとに発売する（複数年度のブランデーをブレンドしない）。彼はブランデーと人の寿命がほぼ同じ80年程度であることに不思議な偶然の一致を感じている。

メンドシーノで誕生したもうひとつのカリフォルニア産ブランデーがジェプソンだ。ボブ・ジェプソンは１９８５年にメンドシーノを流れるロシアン川の近くに土地を購入し、蒸溜所とワイナリーを設立した。現在のオーナーは２００９年にそれを買収し、ジャクソン・キーズ・ワイナリー・アンド・ディスティラリーと命名した。この会社は自社のブドウ畑で育てたコロンバール種のブドウからワインを造り、買い取った設備で蒸溜してブランデーを生産し、ジェプソンの名をつけて販売している。

カーネロス地区では、２００２年にエチュード・ワイナリーがカーネロス・アランビック（旧ＲＭＳ）の持ち物だった土地を買収したとき、樽で熟成中だったブランデーも一緒に手に入れた。エチュード社は現在、エチュードＸＯという高価なブランデーを販売している。エチュードＸＯは、ピノ・ノワール、コロンバール、シュナン・ブラン、パロミノ、シャルドネ、ユニ・ブラン、マスカット、フォル・ブランシュなど、地元で栽培されたブドウから造られ、20年間熟成されて、エチュード社のワインメーカー［ブドウの栽培からワインの醸造、瓶詰めまでのすべての工程を管理する人］によってブレンドされた逸品である。

職人の手作りに近い小規模な事業から始まったもうひとつの蒸溜所に、シャルベイがある。

シャルベイの蒸溜責任者は、代々蒸溜を仕事にしてきた一家の13代目に当たることを誇りにしている。彼の父親は１９６２年にバルカン半島から移住してきた。この家族経営の蒸溜所はナパとソノマを隔てる山脈の斜面にあるスプリング・マウンテン地区に１９８３年に開設された。ウォッカの生産で大成功を収めたのち、オーナーのカラカセヴィッチ家は事業を広げ、数年前にフォル・ブランシュ種のブドウで造ったブランデー№83を発売した。これは27年間熟成したブランデーである。

読者のみなさんがこの章を読んでいる間にも、アメリカ各地で小規模な蒸溜所が新しいブランデー事業を始めているのは疑いない。ごく最近できたもののひとつが、ニューヨーク州北部の田園地帯に造られたフィンガー・レークス・ディスティリングである。この蒸溜所はワイン産地のフィンガー・レークスの中央に位置しているので、オーナーのブライアン・マッケンジーもブドウから造る蒸溜酒を生産し始めた。マッケンジーが特にブランデーに興味を持ったのは、ブランデーを造っている小規模な職人的生産者が周囲にほとんどいなかったからだ。彼は数年前に会社を設立してまもなくブランデーの蒸溜を始めた。マッケンジーは最初に生産したブランデーが十分熟成するのを待って、２０１２年に発売した。このブランデーは地元で栽培されるゲヴュルツトラミネール種のブドウのほか、アメリカ原産のブドウや交配種で造られている。

コニャック地方ではワイン・シーフ［ワイン泥棒という意味］と呼ばれるピペットを使って、コニャック熟成樽から定期的にサンプルを抜き出して確認している。太陽光に照らされたこのサンプルは、パラッツィの会社が味、香り、そして見た目を評価する絶好の状態にある。

もうひとりの有名な若い蒸溜技師は、ほかでもないコニャック地方に居を構えるエマニュエル・パンテュローだ。彼は、ブドウを栽培したり、大手コニャックメーカーに売るためのワインを醸造したりしている少数の家族経営の農家やワイナリーが推進する、新たな興味深い活動に加わっている。ほんの数年前まで、コニャック地方のブドウ農家の中で、自分でコニャックを熟成、商品化、そして宣伝するための財政的なリスクを取ろうとする人は非常に限られていた。しかし、コニャックや職人による手造りへの関心が近年高まる中で、小規模生産者のコニャックがもっと売れるようになるだろうと彼らは期待している。この風潮はシャンパーニュ地方の「栽培・醸造家」［ブドウの栽培からシャンパンの醸造・販売まで一貫しておこなう生産者］の活動とほぼ同じ性質のものだ。彼らの活動は21世紀に入って地元以外からの注目と高い評価を集め、今では非常に成功している

エマニュエルは父や兄弟とともに、彼の祖父が１９３４年に初めてささやかな蒸溜器を設置した小さな畑で働いている。彼らはブドウを栽培してワインを造り、それを蒸溜して、一部をレミーマルタン社に卸している。レミーマルタン社では「まろやかで深みのある豊かな風味」を出すために、「澱《おり》の上で」［醱酵後に沈殿した酵母などは澱と呼ばれ、通常は取り除かれるが、澱を除去せずにワインに触れさせたまま貯蔵しておく製法］ワインを蒸溜するように求めている。エマニュエル一家はこの大手コニャックメーカーに提供する蒸溜酒に誇りを持っている。しかし現在は、自家製ワインを使って職人的コニャックも生産している。

パンテュロー家は自家でブレンドしたコニャックの熟成と貯蔵に古い樽を使用している。また、非常に高価な新しい樽を毎年4～5個は購入する。これらの樽は、3年間は「新しい」樽とみなされ、コニャックの熟成に重要な最初の6か月に使うことができる。パンテュロー一家は3～4種類のコニャックをブレンドして、数種類の商品を作っている。昔は自分たち

で飲むために少量だけ熟成し、瓶詰めしていたが、今では瓶詰めしたものを販売している。そのため、生産するコニャックの種類も増えている。エマニュエルが家業に戻る前、パンテュロー家ではXOのコニャックは造っていなかったが、需要があるので、今では造るようになった。

コニャック地方にはおよそ1000軒の家族経営の会社があるが、成人した子供たちは田舎にとどまってブドウ栽培をしたがらず、その数は減少している。一方、コニャック地方でブドウの栽培から蒸溜までおこなう小規模な事業を始めたい若者はいても、残念ながら彼らにはたいてい資金が足りない。エマニュエルは、元凶は農地価格の高騰だと言う。彼によれば、富裕な中国人消費者やアメリカのヒップホップ人気の影響でコニャック需要が大幅に増えた結果、過去5年間にコニャック地方全体で、ブドウ畑の地価がほとんど手の届かないほど値上がりした。

自家で熟成したコニャックを市場に出すもうひとつの方法は、現在ニューヨークに居住しているニコラス・パラッツィが経営するPMスピリッツのような会社に販売を委託することだ。ボルドーで暮らす祖父母に育てられたパラッツィは、2008年に少量生産のコニャックの委託販売事業を立ち上げた。手始めに祖父の友人が売りたがっていたコニャックを販売すると、まもなく同じようにコニャックを売りたい人々から声がかかるようになった。

パラッツィに販売を依頼する理由はさまざまだ。コニャック事業をやめる予定なので在庫

最近コニャック地方で名前を知られるようになったニコラス・パラッツィには、世界中の舌の肥えた顧客にふさわしいコニャックを提供してくれる一流の人脈があった。写真は、個人消費向けに注文生産のブレンドを手で瓶詰めする作業。

をさばきたい、お金が今すぐ必要だ、世界のコニャック人気に便乗したいだけ――理由はどうあれ、パラッツィは熟成したコニャックを手に入れると、必要ならそれをさらに熟成し、瓶詰めして、ニューヨークなどの都市にいるえりすぐりの顧客に販売する。

また、パラッツィはこの事業をさらに発展させ、自分だけの特別なコニャックが欲しい個人向けに、注文に応じてブレンドし、特別あつらえの瓶に入れたコニャックを造っている。顧客とともに（ニューヨークで、あるいはコニャック地方で）慎重かつ入念なテイスティングを繰り返したのち、パラッツィはこの唯一無二のブレンドのコニャックのために、ラベルと特製の吹きガラスの瓶のデザインに取りかかる。こうしたコニャックはコレクターや特別なイベントに提供される。

流行歌に「古いものはすべてまた新しくなる」という曲がある。現在のブランデーの世界ほど、この言葉がよく当てはまる場所はない。

謝辞

本書の執筆にあたっては、次の方々にお礼申し上げたい。アルメニアのアララット／ペルノ・リカール、ノイ、プロシュヤン・ブランデー、ヴェディ・アルコの各社の方々。アルマニャック地方のアマンダ・ガーナム、BNIA（全国アルマニャック事務局）とメンバーの皆様、タリケ社のイティエール・ブシャール、ジャン・カスタレード、シャトー・ロバードのアルノーとデニス・レグルグ。オーストラリアのアンゴーヴ社のマット・レディン、ファイン・ワイン・パートナーズ社のロブ・ハースト、シャトー・タヌンダのジョン・ゲーバーとマーティ・パウエル。コニャック地方のジャン＝ルイ・カルボニエール、ニッキー・サイズモア、そしてBNIC（全国コニャック事務局）とそのメンバーの皆様。ジョージアのジョージア・ワイン協会のティナ・ケゼリとジョージー・アプカザワ、エカテリーネ・エグティア、ズヴィアド・クヴリヴィゼ、ダヴィド・アブジアニゼ、ダヴィド・サラジシュヴィリ、トフィリシ・マラニ、カヘティ・トラディショナル・ワインメーキング社。ヘレス地域のビーム・ドメック社、ブランデー・デ・ヘレス原産地呼称統制委員会のカルメン・アウメスケとセザール・サルダナ、フェルナンド・ド・カスティリャ、ゴンザレス・ビアス、サンチェス・ロマテの各ボデガ、ボデガ・トラディシオンのロレンツォ・ガルシア＝イグレシアス。ピスコについてはマチュ・ピスコ社のエリザベスとメラニー・アッシャー姉妹、ピスコ・ポルトン社のジョニー・シュラー、ギリェルモ・L・トロリラ。南アフリカのルイーズとテッサ・ド・コック、エルザ・フォクツ、KWV（南アフリカワイン醸造業者協同組合）。アメリカのアメリカ蒸溜協会のビル・オーエンス、E＆Jガロ社のスコット・ディサルヴォとラッセル・リケッツ、フィンガー・レークス・ディスティリングのブライアン・マッケンジー、アンスレー・コール、ヒューバート・ジェルマン＝ロビン、そしてオソカリス社のダン・ファーバー。

以下の方々にも感謝申し上げたい。デーヴィッド・ベーカー、ティム・クラーク、コンコード・ライターズ・グループ、ジルとデイル・デグロフ、ピエルルイージ・ドニーニ、ブランコ・ジェローヴァック、カイル・ジャラード、レミーUSA社のローレン・キネルスキー、サンドラ・マクドナルド、シャルル・ド・ブルネ・マルニエ・ラポストール、マスカロ社のマリア・マタ、エリザベス・ミンチリ、ビーム・グローバル社のマーク・パロット、ノーム・ロビー、ケン・シモンソン、ハミッシュ・スミス、ジャン・ソロモン、カルヴィン・ストヴァル、テールズ・オブ・ザ・カクテルのアン・テュナーマン、フラテッリ・ブランカ社のエリザ・ヴィグヌダとカーステン・アマン、ロージー・ヴィダル、デーヴィッド・ワンドリッチ。

訳者あとがき

みなさんはブランデーにどんなイメージをお持ちだろうか？　ブランデーグラスの底にほんの少し注がれた琥珀色のお酒。高級酒のイメージが先行してなかなか手が出せないお酒。それがブランデーではないだろうか。本書は、そんなブランデーというお酒の歴史を、蒸溜技術の誕生から語り始める。本書の著者、ベッキー・スー・エプスタインは蒸溜酒やワイン、料理、旅行に関する記事や著書を編集・執筆し、世界各国を飛び回りながら活発な執筆活動を続けている。本書『「食」の図書館　ブランデーの歴史』（*Brandy: A Global History*）はイギリスの Reaktion Books が刊行している The Edible Series の一冊で、さまざまな食べ物や飲み物の歴史や文化を解説した同シリーズは、料理とワインに関する良書を選定するアンドレ・シモン賞の２０１０年度特別賞を受賞している。

そもそもブランデーとはどんなお酒なのだろうか？　ブランデーを指すときに使われるナポレオンという言葉は、本来はブランデーの等級を示しているのだが、これをブランデーの銘柄だと思っている人は案外多いのではないだろうか。実は本書を読むまで、私もそう誤解していた。そこで、ブランデーについて少し説明しておきたい。一般によく飲まれているワインや日本酒、ビールとの比較で言えば、これらの酒は醸造酒だが、ブランデーは蒸溜酒という違いがある。醸造酒はブドウや米、麦などの原料に自然に含まれる糖分を、酵母がアルコールと二酸化炭素に変える（この過程をアルコール醱酵という）ことによって作られる。一方、蒸溜酒は醸造酒を蒸溜して造られるお酒だ。醸造酒を蒸溜器に入れて加熱すると、水よりも沸点の低いアルコールが盛んに蒸発するので、この蒸気を冷却して液体に戻せば、元の醸造酒よりもアルコール度数の高い蒸溜酒ができる。一般的なワインのアルコール度数は7度から14度程度なのに対して、ブランデーはおよそ40度もある。ウイスキーやウォッカは大麦、小麦、ライ麦など、焼酎はコメや麦、サツマイモなど、ラム酒はサトウキビを原料にした蒸溜酒だ。そしてブランデーは、ブドウを原料にして作られたワインを蒸溜して造られる。

コニャックという言葉も、ブランデーの一銘柄と勘違いされているかもしれない。コニャックはフランスのブランデー産地であるコニャック地方で作られるブランデーの総称で、現地の法律で定められたブドウの品種、生産地域、製法などの条件に合格したブランデーのみがコニャックと名乗ることを許される。しかしコニャックの人気は世界中に広まっているため、他国で生産されるブランデーがコニャックと称して売られる場合もあり、コニャック地方はコニャックという名称を保護するために苦労しているようだ。一時期、ブランデーを飲むのは紳士気取りというイメージが定着し、いったんブランデーの人気は下火になった。しかし20世紀の終りから、アメリカでブランデーは若い層を中心に息を吹き返している。そのきっかけのひとつがヒップホップだというのが面白い。ヒップホップとブランデーとは一見結びつきそうにない組み合わせだが、ラッパーが好んで飲んでいたブランデーの銘柄がヒップホップに歌われ、若者の間で人気に火がついたという。今ではブランデーは新しいカクテルのベースとして、流行の先端をいっている。

本書を読んでブランデーに興味を持っていただけたら、バーでブランデーのカクテルを頼んだり、海外旅行先でご当地ブランデーを試したりしてみてはいかがだろうか。錬金術師や十字軍によって伝えられた蒸溜技術の歴史を知れば、一杯のブランデーがいっそう味わい深いものになるに違いない。

２０１７年10月

大間知　知子

写真ならびに図版への謝辞

図版の提供と掲載を許可してくれた関係者にお礼を申し上げる。

Courtesy of Angove: pp. 112, 113; Courtesy of Armagnac Delord: pp. 54, 65上, 68, 69上下; Bigstock: p. 6 (Marco Mayer); © BNIC: pp. 12, 138 (Roger Cantagrel), 28, 49, 155 (Gérard Martron), 38, 52 (Bernard Verrax), 135 (Jean-Yves Boyer), 146 (Stéphane Carbeau); Bureau National Interprofessional de l'Armagnac (BNIA): p. 33; Courtesy of Chateau de L'Aubade: pp. 58, 61下, 62, 54, 65上下, 67, 68, 69上下 (Michael Carossio); Courtesy of Chateau Tanunda: p. 110; Courtesy of Chateau du Tariquet: pp. 58, 62; Courtesy of Cognac Hardy: p. 15; Courtesy of E&J Gallo: p. 126; Becky Sue Epstein: pp. 81, 103; Branko Gerovac: pp. 74, 77上下, 79, 80, 81, 83上下, 85上下, 89; Courtesy of Germain-Robin: pp. 159, 161; Courtesy of Gonzalez-Byass: p. 35; Courtesy of Janneau: p. 142; Courtesy of Korbel Brandy: pp. 122, 124, 126, 128; Courtesy of Nicolas Palazzi: pp. 165, 168; Courtesy of Sànchez Romate: pp. 67, 92-93, 97, 100; Courtesy of Sarajishvili: pp. 86, 87, 88; U.S. National Library of Medicine, Bethesda, Maryland: p. 18; image supplied by Van Ryn's: p. 116.

参考文献

Calabrese, Salvatore, *Cognac: A Liquid History*（London, 2005）

'Clem Hill Tell Test History', *Daily News*, Perth（11 March 1933）, from http://nla.gov.au

Cullen, L. M, *The Brandy Trade under the Ancien Régime: Regional Specialisation in the Charente*（Cambridge, 1998）

Dicum, Gregory, *The Pisco Book*（San Francisco, 2011）

Faith, Nicholas, *Cognac*（Boston, 1987）［フェイス，ニコラス『コニャック』佐藤綾子訳，ジャーディンワインズアンドスピリッツ，1988年］

Fromm, Alfred, *Marketing California Wine and Brandy: Oral History Transcript*, ed. Ruth Teiser, Regional Oral History Office, The Bancroft Library, University of California at Berkeley（1984）

Jarrard, Kyle, *Cognac: The Seductive Saga of the World's Most Coveted Spirit*（Hoboken, NJ, 2005）

Kops, Henriette de Bruyn, *A Spirited Exchange: The Wine and Brandy Trade between France and the Dutch Republic in its Atlantic Framework, 1600-1650*（Boston, 2007）

Miller, Anistatia, and Jared Brown, *A Spirituous Journey: A History of Drink, Book One - From the Birth of Spirits to the Birth of the Cocktail*（Cheltenham, 2009）

—, *A Spirituous Journey: A History of Drink, Book Two - From the Publicans to Master Mixologists*（Cheltenham, 2010）

Neal, Charles, *Armagnac: The Definitive Guide to France's Premier Brandy*（San Francisco, 1998）

Wilson, C. Anne, *Water of Life: A History of Wine-Distilling and Spirits 500 BC-AD 2000*（Totnes, Devon, 2006）

レシピ集

　コニャックやブランデーをベースにした定番カクテルや，新作のカクテルをいくつか紹介しよう。昔からあるカクテルは，現代のカクテル愛好家が慣れ親しんだものとは材料の割合が異なっている可能性がある。ここでは，たとえばコニャックの代わりにブランデー・デ・ヘレスを使うなど，いくつかの伝統的カクテルにほんの少し手を加えて現代的にしている。カクテル通の方々はぜひこれらのカクテルを味わって，新しい体験を楽しんでいただきたい。

◉ブランデー・アレクサンダー

　ブランデーで作るカクテルの名前を聞かれたら，誰もがまっさきに挙げる飲み物がこれだ。しかし，今ではそれがどんなものか知っている人はほとんどいない——もちろん，ミクソロジストは別だ。

　このカクテルは1930年代から70年代にかけてアメリカで非常に人気が高かったが，地域によって多少の違いが見られる。南部ではブランデーは男性が飲むものとされていたが，北部ではこのカクテルのクリーミーさが女性に好まれた。

　このレシピはアーネストとジュリオ・ガロ兄弟が作ったものだ。彼らが生産したブランデーは，20世紀なかばのアメリカで造られた数多くのカクテルに使われたに違いない。

ブランデー…30*ml*
生クリーム…30*ml*
クレーム・ド・カカオ…30*ml*
挽いたナツメグ

1. ナツメグ以外の材料を氷とともによくシェイクする。
2. カクテルグラスに注ぎ，ナツメグを散らす。

◉ブランデー・コリンズ

　ヘレス地域に新しくできたボデガのひとつは，ボデガ・トラディシオン［伝統的なボデガという意味］という皮肉な名前がついている。同社は各地から古いブランデーを買い集め，それをさらに熟成してブレンドし，瓶詰めしている。創業まもない会社なので，古いブランデーを使った新しい種類のカクテルも積極的に作っている。

　このレシピはブランデー・デ・ヘレスを使った「コリンズ」の作り方［コリンズは本来ジン・ベースで作る］。

ブランデー・デ・ヘレス…50*ml*
搾りたてのレモンジュース…30*ml*
シュガー・シロップ…20*ml*

冷やしたソーダ水
スライス・レモン

1. ソーダ水を除くすべての材料を氷とともに混ぜる。
2. シェイカーに入れてシェイクし，氷を入れたコリンズグラス［円筒形の背の高いグラス］に注ぐ。
3. ソーダ水で満たし，スライス・レモンを飾ってストローを添えて出す。

◉ブランデー・クラスタ

このレシピは2012年にコニャック市の中心にオープンしたオテル・フランソワ・プルミエのバー・ルイーズのバーテンダー，アレクサンドル・ランベールが私のために考案してくれたもの。

このカクテルは，19世紀なかばにニューオーリンズでジョゼフ・サンティニが自分のバー，ザ・ジュエル・オブ・ザ・サウスで作ったオリジナルのレシピに基づいている。ランベールによれば，ヘネシーのフィーヌ・ド・コニャックはVSとVSOPをブレンドしたものだ。このカクテルにはVSOPのコニャックもお勧めだそうだ。

ペイショー・ビターズ…1ダッシュ［1ダッシュ＝約1*ml*］
アンゴスチュラ・ビターズ…1ダッシュ
自家製トリプル・セック…小さじ1
ルクサルド社のマラスキーノ…小さじ1
ヘネシー社の「フィーヌ・ド・コニャック」…40*ml*
絞りたてのレモンジュース…小さじ2
シュガー・シロップ…小さじ1
グラニュー糖
レモンの皮

1. ガラス製のピッチャーに氷を入れる。液体の材料をすべて加え，よくかき混ぜる。
2. 縁にグラニュー糖をまぶしたクープ型グラス［飲み口が広く浅いグラス］に注ぐ。らせん状に薄くむいたレモンの皮を入れる。

◉コニャックパンチ

ブランデーを使ったパンチはイギリス人が考案したものだ。「パンチ」という言葉は，ヒンディー語で5を表す言葉に由来している。5という数字は，砂糖，ブランデー，レモンかライムジュース，水，そして風味づけの材料という5種類の成分がカクテルに使われていることを指している。ワインが水の代わり，または水に加えて入れられることもある。このレシピはフランスの全国コニャック事務局が紹介している。

レモンの皮…4個分
粉砂糖（または目の細かいグラニュー糖）…250*g*
搾りたてのレモンジュース（濾したもの）…250*ml*

VSOP（またはVS）のコニャック…750*ml*
ラム酒…250*ml*
冷たい水…1.5リットル
ナツメグ…ホールで1個

1. レモンの皮と砂糖を混ぜ，1時間置いておく。
2. もう1度混ぜてレモンジュースを注ぎ，砂糖が溶けるまで混ぜる。
3. レモンの皮を濾し取る。コニャックとラム酒を加えて混ぜ，冷蔵庫で冷やす。

食卓に出す前に，半分まで氷を入れたパンチボウルに注ぎ，冷たい水を加えて混ぜる。ナツメグ½個分を挽いて振りかける。

◉コニャック・ロングドリンク

コニャック地方を夏に訪れる観光客は，高価なコニャックがソーダ水やトニック・ウォーターで割られているのを見て最初は驚く。しかし，一度飲んでみれば，その味に納得するだろう。コニャック・ロングドリンクは，コニャック地方が暑い盛りには昼夜を問わずよく飲まれている。シンプルな「ロングドリンク」を作るには一般的にVSが使われるが，VSOPならなおよい。このレシピは全国コニャック事務局が紹介している。

コニャック…30*ml*
トニック・ウォーター…90*ml*

氷を入れたコリンズグラスに材料を注ぎ，軽く混ぜる。

◉フレンチ・コネクション

アマレット［アーモンドの香りが特徴のリキュール］でコニャックに強い風味をつけた夕食後の飲み物。割合は好みに応じて変えることができ，アマレットをコニャックの半分まで減らしてもよい。

コニャック…30*ml*
アマレット…30*ml*

氷を入れたハイボールグラス［円筒形のグラス］に材料を注いでよく混ぜる。

◉ホーセズ・ネック

コニャック地方の中心にある町の公園で，毎年7月にコニャック・ブルース・パッションと呼ばれるすばらしい野外音楽祭が開催される。この飲み物は暖かい夜に音楽祭を楽しみながら少しずつ味わうのにぴったりだ。このレシピは全国コニャック事務局が推奨する作り方。

コニャック（VSまたはVSOP）…30*ml*

アンゴスチュラ・ビターズ…1ダッシュ
ジンジャーエール
オレンジの皮（好みで）

1. 氷を入れたコリンズグラスにコニャックを注ぎ，アンゴスチュラ・ビターズを1ダッシュ加える。
2. グラスをジンジャーエールで満たす。好みでらせん状に薄くむいたオレンジの皮を飾る。

◉ホット・トデイ

本質的に，これはハチミツで甘くして「元気づけ」程度にブランデーを加えたレモン味のお湯だ。もう少し風味が欲しければ，お湯でなく紅茶で造るとよい。どちらにしても，この飲み物は何世紀もの間，寒気や風邪を撃退するために飲まれてきた。

ハチミツ…大さじ1
レモンジュース…小さじ2
熱湯…125*ml*
ブランデー…30*ml*

ハチミツ，レモンジュース，熱湯をマグカップに入れる。飲む直前にブランデーを入れてかき混ぜる。

◉薬用ブランデー

風邪をひいたり，喉の痛みを感じたりしたらこれを飲むといい。牛乳に栄養があるので，昔は体の弱い人や，回復期の病人にも効果があると考えられていた。イタリアなど，数多くの国々で昔から飲まれている。

牛乳…180*ml*
ブランデー…30*ml*
砂糖（好みで）…小さじ1

1. 牛乳を沸騰直前まで温める。エスプレッソ・マシンなどで泡立ててもよい。
2. グラスかマグカップに注ぎ，ブランデーを加えて混ぜる。
3. 好みで砂糖を加える。朝でも夜でも飲むことができる。

◉モダン・モヒート

これはブランデー・デ・ヘレスを造っているスペインの会社，ペドロ・ドメックから教えてもらったレシピ。伝統あるブランデーのカジュアルな使い方で，同社の従業員のひとりが好んで飲んでいた。レシピに分量の指定がなかったので，いろいろな組み合わせを試して決めたのがこの作り方だ。元気の出るさっぱりした飲み物なので，ミントの葉やレモンジュースを増やしてもよい。

新鮮なミントの葉
砂糖…小さじ2
搾りたてのレモンジュース…大さじ1
ブランデー・デ・ヘレス…50*ml*
クラッシュドアイス

1. ミントの葉と砂糖をシェイカーに入れる。レモンジュースとブランデーを加え，砂糖が溶けるまでよくシェイクする。
2. 半分までクラッシュドアイスを入れたカクテルグラスに注ぐ。

◉ピスコ・パンチ

現代の研究熱心なミクソロジストが作ったオリジナルのレシピには，アラビアガム［アラビアゴムノキの分泌物で，乳化剤や安定剤などの食品添加物として用いられる］から造られたシロップが使われている。アラビアガムと砂糖水を混ぜるのは手間がかかるが，ミクソロジストは，それだけの価値はあると断言する。

このレシピはペルーのピスコ・ポルトン社から教えてもらった作り方で，家庭で楽しむために簡略化され，簡単に作れるようになっている。

生のパイナップル…1個
シュガー・シロップ…235*ml*
ミネラルウォーター…470*ml*
ピスコ・ポルトン…750*ml*
搾りたてのレモンジュース…300*ml*

1. 生のパイナップルを1.5×4センチにカットし，シュガー・シロップに一晩漬ける。
2. 翌朝，残りの材料を大きなボウルで混ぜる。好みでレモンジュースやシュガー・シロップを足してもよい。
3. グラス1個におよそ100*ml*のパンチを注ぎ，漬けたパイナップルをひとつずつ入れる。

◉ピスコ・サワー

ペルーでは，ピスコ・サワーのないパーティは考えられない。この作り方はマチュ・ピスコ社を創立した姉妹に教えてもらった。

ペルー産ピスコ（できればケブランタ種のブドウで造ったピスコ）…60*ml*
搾りたてのライムジュース…30*ml*
砂糖…大さじ2
卵白…１個分
アンゴスチュラ・ビターズ
氷

1. 上から4つの材料をミキサーに入れ，2カップ強の氷を加えてよく混ぜる。
2. 冷やしたグラスに注ぐ。それぞれのグラスにアンゴスチュラ・ビターズを数ドロップ［1ドロップは約⅕*ml*］振りかける。何人分に分けるかはお好み次第で。

◉サイドカー

全国コニャック事務局から送られてきたこのレシピには，有名なミクソロジストの

デイル・デグロフが語ったこのカクテルの偉大な歴史が次のように書かれている。
「サイドカーはもともとコニャックで造られるブランデー・クラスタの遺産である。しかしサイドカーの歴史の序章にあたる20世紀の一時期については，ほとんど記録が残っていない。サイドカーを生んだのはパリのハリーズ・ニューヨーク・バーだと言われている。しかし，オテル・リッツ・パリのヘミングウェイ・バーで主任バーテンダーを務めるコリン・フィールドは，彼の前任者でオテル・リッツの初期にヘミングウェイ・バーの伝説的バーテンダーだったフランク・マイヤーが，1923年のある時期にサイドカーを造ったと信じている。だが，彼の主張を証明する記録は何もない。サイドカーの起源の証拠となる唯一の文書は，ロンドンのエンバシー・バーのロベルト・ヴェルメールが1922年に出版した『カクテルの作り方 *Cocktails: How to Mix Them*』という本である。そこには，ロンドンのバックス・クラブのマクギャリーというバーテンダーがサイドカーの生みの親だと書かれている」

VSOP コニャック…45*ml*
トリプル・セック…30*ml*
搾りたてのレモンジュース…20*ml*
薄くむいたオレンジの皮（好みで）

すべての材料をミキシンググラスで混ぜてから，縁に軽く砂糖をまぶしたカクテルグラスに注ぐ。オレンジの皮を軽く火であぶって飾る［火であぶったオレンジの皮は香りや風味が強くなる］。

◉スティンガー

このカクテルは長い間定番とされてきたが，今では誰もがすぐに思い浮かべるカクテルではないかもしれない。スティガー［「針」や「皮肉」という意味］という名前は，この飲み物を飲んだときに感じる舌を刺すような刺激から来ているのだろう。好みでクレーム・ド・マントの量は減らしてもいい。クレーム・ド・マントをブランデーの量の½まで減らすのを好む人もいる。

ブランデー…30*ml*
クレーム・ド・マント…30*ml*
クラッシュドアイス
生のミントの葉（好みで）

シェイカーに液体の材料とクラッシュドアイスを入れ，よく混ざるまでシェイクする。好みでミントの葉を飾る。

◉サミット・カクテル

全国コニャック事務局は数年前からカクテルにコニャックを使うことをバーテンダーに推奨し始め，カクテル・サミットを開催して多数の有名ミクソロジストを招待した。このカクテルはそのイベントのためにアンディ・セイモアが考案したもので，今では新たな定番として，世界各地で開かれるコ

ニャック事務局の行事で出されている。

ライムの皮…1個分
生のショウガ…薄切り，4枚
VSOP コニャック…45ml
レモンライムソーダ［レモンとライム風味の炭酸飲料］…60ml
長いスティック状に切ったキュウリ…1本

1. ライムの皮とショウガをグラスに入れ，半分量のコニャックを注ぎ，マドラーなどを使って軽く2～3回つぶす。
2. 氷をグラスの半分の高さまで満たし，5秒間混ぜる。残りのコニャックを注ぐ。
3. レモンライムソーダを加えてキュウリのスティックを添え，よく混ぜてすぐにいただく。

◉シュープリーム・ド・アルマニャック

このカクテルは最近パリのオテル・ド・クリヨンで，ヘッド・バーテンダーのフィリップ・オリヴィエが全国アルマニャック事務局とともに考案したもの。このシトラスとブランデーの風味の定評あるコンビネーションには世界中に大勢のファンがいる。

アルマニャック…40ml
グレープフルーツジュース…30ml
皮をむいたオレンジの房から搾ったオレンジジュース…小さじ2
マラスキーノ・チェリー（好みで）

氷を入れたシェイカーにすべての材料を入れてシェイクし，カクテルグラスに濾し入れる。
好みでグラスの縁にマラスキーノ・チェリーを飾る。

ベッキー・スー・エプスタイン（Becky Sue Epstein）
ワイン，蒸溜酒，料理，旅行のテーマで雑誌やウェブサイトに寄稿をするほか，編集者，ワイン・コンサルタントも務める。ニューイングランド（アメリカ）在住。『*Substituting Ingredients*（代用材料の辞典）』ほか，料理と酒に関する著書数点あり。

大間知 知子（おおまち・ともこ）
お茶の水女子大学英文科卒業。訳書に『「食」の図書館　ビールの歴史』，『「食」の図書館　鮭の歴史』，『「食」の図書館　オレンジの歴史』，『ロンドン歴史図鑑』，『96人の人物で知る中国の歴史』（以上，原書房）『世界の哲学50の名著』，『世界の政治思想50の名著』（以上，ディスカバー・トゥエンティワン）などがある。

Brandy: A Global History by Becky Sue Epstein
was first published by Reaktion Books in the Edible Series, London, UK, 2014

「食《しょく》」の図書館《としょかん》

ブランデーの歴史《れきし》

●

2017年11月20日　第1刷

著者……………ベッキー・スー・エプスタイン
訳者……………大間知《おおまち》 知子《ともこ》
装幀……………佐々木正見
発行者……………成瀬雅人
発行所……………株式会社原書房

〒160-0022 東京都新宿区新宿1-25-13
電話・代表 03(3354)0685
振替・00150-6-151594
http://www.harashobo.co.jp

印刷……………新灯印刷株式会社
製本……………東京美術紙工協業組合

ISBN 978-4-562-05412-1, Printed in Japan

ソースの歴史 《「食」の図書館》

メアリアン・テブン著　伊藤はるみ訳

高級フランス料理からエスニック料理、B級ソースまで…世界中のソースを大研究！　実は難しいソースの定義、進化と伝播の歴史、各国ソースのお国柄、「うま味」の秘密など、ソースの歴史を楽しくたどる。

２２００円

水の歴史 《「食」の図書館》

イアン・ミラー著　甲斐理恵子訳

安全な飲み水の歴史は実は短い。いや、飲めない地域は今も多い。不純物を除去、配管・運搬し、酒や炭酸水として飲み、高級商品にもする…古代から最新事情まで、水の驚きの歴史を描く。

２２００円

オレンジの歴史 《「食」の図書館》

クラリッサ・ハイマン著　大間知知子訳

甘くてジューシー、ちょっぴり苦いオレンジは、エキゾチックな富の象徴、芸術家の霊感の源だった。原産地中国から世界中に伝播した歴史と、さまざまな文化や食生活に残した足跡をたどる。

２２００円

ナッツの歴史 《「食」の図書館》

ケン・アルバーラ著　田口未和訳

クルミ、アーモンド、ピスタチオ…独特の存在感を放つナッツは、ヘルシーな自然食品として再び注目を集めている。世界の食文化にナッツはどのように取り入れられていったのか。多彩なレシピも紹介。

２２００円

ソーセージの歴史 《「食」の図書館》

ゲイリー・アレン著　伊藤綺訳

古代エジプト時代からあったソーセージ。原料、つくり方、食べ方…地域によって驚くほど違う世界中のソーセージの歴史。馬肉や血液、腸以外のケーシング（皮）などの珍しいソーセージについてもふれる。

２２００円

（価格は税別）

カクテルの歴史 《「食」の図書館》

ジョセフ・M・カーリン著　甲斐理恵子訳

氷やソーダ水の普及を受けて19世紀初頭にアメリカで生まれ、今では世界中で愛されているカクテル。原形となった「パンチ」との関係やカクテル誕生の謎、ファッションその他への影響や最新事情にも言及。

２２００円

メロンとスイカの歴史 《「食」の図書館》

シルヴィア・ラブグレン著　龍和子訳

おいしいメロンはその昔、「魅力的だがきわめて危険」とされていた!? アフリカからシルクロードを経てアジア、南北アメリカへ…先史時代から現代までの世界のメロンとスイカの複雑で意外な歴史を追う。

２２００円

ホットドッグの歴史 《「食」の図書館》

ブルース・クレイグ著　田口未和訳

ドイツからの移民が持ち込んだソーセージをパンにはさむ——この素朴な料理はなぜアメリカのソウルフードにまでなったのか。歴史、つくり方と売り方、名前の由来ほか、ホットドッグのすべて！

２２００円

トウガラシの歴史 《「食」の図書館》

ヘザー・アーント・アンダーソン著　服部千佳子訳

マイルドなものから激辛まで数百種類。メソアメリカで数千年にわたり栽培されてきたトウガラシが、スペイン人によってヨーロッパに伝わり、世界中の料理に「なくてはならない」存在になるまでの物語。

２２００円

キャビアの歴史 《「食」の図書館》

ニコラ・フレッチャー著　大久保庸子訳

ロシアの体制変換の影響を強く受けながらも常に世界を魅了してきたキャビアの歴史。生産・流通・消費についてはもちろん、ロシア以外のキャビア、乱獲問題、代用品、買い方・食べ方他にもふれる。

２２００円

（価格は税別）